铁路工程
冬期施工技术管理手册

魏　强　赵　健　刘海东　金　耀　主编

中国铁道出版社有限公司

2021年·北　京

图书在版编目(CIP)数据

铁路工程冬期施工技术管理手册/魏强等主编.—北京:中国铁道出版社有限公司,2021.7
ISBN 978-7-113-28137-3

Ⅰ.①铁… Ⅱ.①魏… Ⅲ.①铁路工程-严寒气候施工-施工技术-技术管理-手册 Ⅳ.①TU742-62

中国版本图书馆CIP数据核字(2021)第133177号

书　　名:铁路工程冬期施工技术管理手册
作　　者:魏　强　赵　健　刘海东　金　耀

责任编辑:王　健　　　　**编辑部电话**:(010)51873065
封面设计:郑春鹏
责任校对:孙　玫
责任印制:高春晓

出版发行:中国铁道出版社有限公司(100054,北京市西城区右安门西街8号)
网　　址:http://www.tdpress.com
印　　刷:北京联兴盛业印刷股份有限公司
版　　次:2021年7月第1版　2021年7月第1次印刷
开　　本:787 mm×1 092 mm 1/16　印张:13.75　字数:341千
书　　号:ISBN 978-7-113-28137-3
定　　价:85.00元

前　言

为指导铁路工程冬期施工中技术和管理行为，使工程管理和技术人员更好的贯彻执行国家、行业有关标准、规范、规程，做到技术可行、安全适用、经济合理、质量达标、节能环保，结合近年来铁路工程冬期施工成果，编写本手册，供现场管理和技术人员参考使用。

本手册共分13章，包括总则、术语、管理职责、施工准备、辅助工厂（设施）、路基工程、桥涵工程、隧道工程、轨道工程、四电工程、房屋建筑及站场构筑物工程、现场试验检测、冬期施工安全措施，另有计算公式、混凝土冬期施工常用方法、测温及验收检查记录表、冬期施工主要设备物资选型、冬期施工混凝土强度发展参考统计分析等5个附录及图例。

参与编审人员名单如下：

中国国家铁路集团有限公司工程管理中心：汪昆生、王鹏、杨永明、余小周、吴力那、刘彬、韩晓强、张民庆、张先军、刘增杰、杨彦海、郝光、邹振中、郑心铭、赵朋飞、杨晖、马福林。

中铁九局集团有限公司：朱立新、毛永志、耿波、夏志华、刘壮、丁宁、张玥同、严仕舜、李鹏飞、郭文力、王焕民、张凤谦、杨礼铭、张莉、曹鑫、朴龙哲、孙政杰、赵连霞、徐博巍、韩春光、陈嘉、吴雄、黄成洋、陈仲亮、尹苏江、李仁强、王振东、高岩、陈晓鹏、罗超、徐世斌、王长江、李旭东、于成波、李润伟、陈向利、檀斌、贾有权、张军美、杨红磊、刘洋、韩亮、孙雷、杨家仕、马仲举。

作者水平和能力有限，手册中难免存在疏漏和不妥之处，敬请广大读者批评指正。

作者

2021年6月

目　　次

1 总　　则

1.0.1 为了确保铁路工程冬期施工质量安全,做到技术可行、安全适用、经济合理、质量达标、节能环保,制定本技术管理手册。

1.0.2 当施工现场昼夜平均气温连续5 d低于5 ℃或最低气温低于0 ℃时,应按冬期施工办理。

1.0.3 铁路建设项目应根据总体施工组织要求,科学合理安排冬期施工。凡进行冬期施工的建设项目,施工单位应编制详细的冬期施工方案及技术措施,必要时进行施工工艺试验验证。

1.0.4 冬期施工应符合国家、行业及国铁集团现行有关标准的规定。

1.0.5 冬期施工应重视职业健康和劳动卫生保护,制定冬期施工管理计划并进行有效控制,防止发生职业健康安全事故。

1.0.6 冬期施工应考虑防止地质灾害及防滑、防冻、防火、防电、防爆、防中毒等要求。

2 术　语

2.0.1　负温焊接

在室外或工棚内的负温条件下进行钢筋、钢结构等焊接连接作业。

2.0.2　受冻临界强度

冬期浇筑的混凝土在受冻以前必须达到的最低强度。

2.0.3　蓄热法

混凝土浇筑后，利用(对)原材料加热以及水泥水化放热，并采取适当保温材料保护减少混凝土温度损失，使混凝土强度达到受冻临界强度以上的养护方法。

2.0.4　综合蓄热法

掺早强型或早强型复合外加剂的混凝土浇筑后，利用原材料加热以及水泥水化放热，并采取适当保温措施延缓混凝土冷却，在混凝土温度降到0 ℃以前达到受冻临界强度的施工方法。

2.0.5　电加热法

冬期浇筑的混凝土利用电能加热养护，包括电极加热、电热毯、工频涡流、线圈感应和红外线加热法。

2.0.6　电极加热法

用钢筋作电极，利用电流通过混凝土所产生的热量对混凝土进行养护的施工方法。

2.0.7　电热毯法

混凝土浇筑后，在混凝土表面或模板外覆盖柔性电热毯，通电加热养护混凝土的施工方法。

2.0.8　工频涡流法

利用安装在钢模板外侧的钢管，内穿导线，通以交流电后产生涡流电，加热钢模板对混凝土进行加热养护的施工方法。

2.0.9　线圈感应加热法

利用缠绕在构件钢模板外侧的绝缘导线线圈，通以交流电后在钢模板和混凝土内的钢筋中产生电磁感应发热，对混凝土进行加热养护的施工方法。

2.0.10　暖棚法

将混凝土构件或结构置于搭设的棚中，内部设置散热器、排管、电热器或火炉等加热棚内空气，使混凝土处于正温环境下养护的施工方法。

2.0.11　负温养护法

在混凝土中掺入防冻剂，使其在负温条件下能够不断硬化，在混凝土温度降到防冻剂规定温度前达到受冻临界强度的施工方法。

2.0.12　硫铝酸盐水泥混凝土负温施工法

冬期条件下，采用快硬硫铝酸盐水泥且掺入亚硝酸钠等外加剂配制混凝土，并采取适当保温措施的负温施工法。

2.0.13　起始养护温度

混凝土浇筑结束，表面覆盖保温材料完成后的起始温度。

2.0.14　热熔法

防水层施工时，采用火焰加热器加热熔化热熔型防水卷材底层的热熔胶进行粘结的施工方法。

2.0.15　冷粘法

采用胶粘剂将卷材与基层、卷材与卷材进行粘结，而不需加热的施工方法。

2.0.16　涂膜屋面防水

以沥青基防水涂料、高聚物改性沥青防水涂料或合成高分子防水涂料等材料，均匀涂刷一道或多道在基层表面上，经固化后形成整体防水涂膜层。

3 管理职责

3.1 基本要求

3.1.1 建设各方应严格执行国家、行业和国铁集团现行有关建设管理办法和规定。

3.1.2 建设各方应建立健全质量安全保证体系，加强对冬期施工关键工序和工艺等细节管理。

3.1.3 建设各方应建立并持续改进环境管理体系，制定并实施环境管理计划，减少冬期施工对环境的影响，并应考虑环境变化对工程产生的不利影响。加热设备应采取环保型，并严格控制排放。

3.1.4 冬期施工应重视安全管理，做好防火、防电、防溜车、防高空坠落、防煤气中毒等重点安全防范工作。

3.2 建设单位

3.2.1 应根据总体施工组织要求，合理安排冬期施工工点，并按规定上报国铁集团工程管理中心。

3.2.2 应组织编制冬期施工专项方案，并按建设规定履行批复程序。重大及重难点施工方案应组织有关单位或专家进行审查。

3.2.3 应定期组织开展冬期施工专项检查，并根据现场实际情况进一步完善工程措施，确保冬期施工工程质量安全可控。

3.3 勘察设计单位

3.3.1 针对冬期施工工程特点，相应提出冬期施工设计要求和注意事项。

3.3.2 应参与重大及重难点工程冬期施工方案和工程措施的研究，需要时根据建设管理相关规定测算相关费用和完善建设程序。

3.3.3 完成适应冬期施工的有关工程方案的变更设计。

3.4 施工单位

3.4.1 应制定冬期施工专项方案并按规定报批，做好冬期施工技术交底，编制关键工序的冬期施工作业指导书，明确施工作业标准和工艺要求，必要时进行冬期施工工艺试验验证。

3.4.2 应严格按照批复的冬期施工方案组织施工，并做好已完工程的成品保护。

3.4.3 应进行冬期施工的安全专项教育和安全技术交底，定期、不定期地开展安全专项检查。

3.5 监理单位

3.5.1 应在施工前审查施工单位冬期施工专项方案、施工工艺和安全措施。

3.5.2 应结合冬期施工工程情况,细化完善监理细则,并按规定做好冬期施工现场旁站监理,严格进行冬期施工检查和检验验收。

3.5.3 应进行冬期施工的安全检查和监控。

4 施工准备

4.1 组织准备

4.1.1 建设各方应成立冬期施工管理组织，配备满足项目冬期施工要求的各类专业技术和管理人员，明确责任分工及相关要求。

4.1.2 施工单位应设立室外气温观测点，安排专人负责做好冬期测温工作，在进入规定冬期施工前15 d开始进行大气测温，掌握日气温状况并与当地气象站保持联系，及时接收气象预报，预防寒流突然来袭。

4.1.3 进入冬期施工前，应对作业人员进行业务教育培训，业务骨干人员考试合格后，方可上岗。

4.2 技术准备

4.2.1 进行冬期施工的建设项目，严格按照施工图设计和管理规定，编制冬期施工专项方案，细化施工工艺。

4.2.2 进入冬期施工前，应根据工程特点及气候条件，按照保证质量、满足工期、经济合理的原则，组织编制冬期安全适用、绿色环保施工专项方案，并根据相关要求报监理单位审核、建设单位审批。其中，混凝土冬期施工常用方法可按本手册附录B选用。

4.2.3 做好冬期施工混凝土、砂浆配合比的技术复核，必要时进行调整或重新选定。钢构件、钢结构进入冬期施工前，应按规定提前做好焊接工艺评定。

4.2.4 排查辨识冬期施工重大危险源，制定专项应急预案，并开展应急演练。

4.2.5 制定冬期施工防滑、防冻、防火、防中毒、防触电等安全措施。

4.3 现场准备

4.3.1 现场规划应根据工程项目气候情况、社会风俗、环水保要求，结合项目冬期施工规模、特点，推行机械化、工厂化、专业化、信息化施工管理。

4.3.2 现场规划应保证各项施工活动互不干扰，并充分考虑项目的水、电、路的综合安排，满足职业健康、安全、环保、消防、防爆、防自然灾害等要求。

4.3.3 冬期施工前核查各类临时地下、地上管线、管沟情况，对需要保温的地上管线及管沟进行保温。

4.3.4 提前做好保温措施的规划实施，并组织监理单位进行验收；对采取锅炉加热保温的，应严格按照设计方案搭建加热用的锅炉房并敷设管道，并对锅炉进行试火试压报批。对各种加热材料进行复试。

4.3.5 配备百叶箱、温度计等测量仪器。

4.3.6 设置专人监测暖棚内外气温以及砂浆、混凝土温度。

4.4 资源准备

4.4.1 提前准备冬期施工临时结构设施、机具设备、仪器仪表、保温材料及劳动防护用品等,物资设备配备应优先选择节能环保型。

4.4.2 保温材料规格、数量、技术指标应符合相应技术规定。

4.4.3 全面检查机械设备性能,做好大型机械设备低温作业所需油料的储备和工程机械润滑油的更换补充以及其他检修保养工作。

4.4.4 更换、修复机械设备老化松动的线路。对龙门吊、卷扬机、塔吊、升降机等机械设备进行绝缘测试,机械的绝缘值不得低于该机械的规定值。

4.4.5 锅炉进行全面检修、维护保养。重点检修锅炉受压元件、报警器、蒸汽阀、排污阀和电器仪表运行状态,并进行特种设备鉴定,操作人员须取得特种设备操作证。

4.4.6 设定生产、生活、办公和施工设备的用电控制指标,定期进行计量、核算、对比分析,制定预防与纠正措施。

4.4.7 选择功率与负载相匹配的施工设备,避免大功率施工机械设备低负载长时间运行。

4.4.8 合理安排工序,提高各种机械的使用率,降低设备的单位能耗。

4.5 安全与防火

4.5.1 开展冬期施工安全教育和培训,明确安全管理职责。

4.5.2 人行道路、跳板以及作业场所等应进行防滑处理。

4.5.3 清除现场积雪、积冰,机械设备采取防滑措施。

4.5.4 施工物件固定牢固,防止被风刮倒或吹落伤人。

4.5.5 优化作业环境,合理规划通风与保温措施,避免人员中毒。

4.5.6 检修通风、排风设备。配备煤气、一氧化碳等有害气体监测设备及人员。

4.5.7 明确锅炉操作规程和安全规章制度,制定锅炉的日常检查和维修保养计划。

4.5.8 乙炔氧气瓶设置防冻保温措施,冻结气瓶严禁用火烘烤。

4.5.9 支架设计应考虑风荷载、雪荷载,确保支撑强度、刚度满足要求,使用前应进行专项验收。

4.5.10 加强办公区、生活区、生产区安全用电检查和管理,严禁乱拉电线。

4.5.11 电源开关控制箱等设施应加锁,并设专人负责管理,防止漏电触电。

4.5.12 清扫和检修供电设施和接地装置,对存在老化、绝缘不良、瓷瓶裂纹以及漏电等的线路,进行更换处理。

4.5.13 重新计算用电负荷,严禁用电负荷超过供电线路容量。

4.5.14 配电箱内不得存有积雪、积冰、积水。配电箱、电器设备应停电后处理潮湿部位，干燥恢复绝缘后，经检测合格后方可送电作业。

4.5.15 冬期可燃材料及易燃易爆危险品应按计划限量进场。

4.5.16 燃气存放区应远离生活区、办公区，安全保护装置设置规范。

4.5.17 合理布置暖棚、锅炉、电加热源、炭炉等养护保温加热设施，避免保温材料因局部受热过大引燃。

4.5.18 保管及使用消防器材人员掌握消防知识，能正确使用及保养器材。

4.5.19 配足灭火器材，设置动火监护人员。

4.5.20 清理施工生产的可燃、易燃建筑垃圾或涂料。

4.5.21 严禁在营区、林区及周边生火取暖。

5　辅助工厂(设施)

5.1　混凝土拌和站

5.1.1　一般规定

1　混凝土所用原材料应按现行的施工质量验收标准及冬期施工相关要求进行进场验收,合格后方可使用。

2　冬期施工时,拌和站生产应采取冬期施工措施,混凝土生产必要时采用冬期施工配合比。

3　冬期施工混凝土前,应先经过热工计算,并经试拌确定水和骨料需要预热温度,保证混凝土的出机温度不低于10 ℃,入模温度不低于5 ℃。

4　冬期施工混凝土生产拌和宜安排在一天中气温较高时段,并应及时掌握天气预报情况,尽可能避开寒潮天气。

5　混凝土拌和站冬期施工期间,应采取有效的防火、防滑等安全保证措施。

6　冬期混凝土施工应定期检测水、外加剂及骨料加入搅拌机时的温度和搅拌机棚的环境温度,以及混凝土拌和、浇筑养护时的环境温度,每一工作班至少检测4次。

7　混凝土强度应按现行《铁路混凝土强度检验评定标准》TB 10425的规定留置标养试件并进行检验评定;同条件养护试件的留置应符合相关验收标准的要求并满足施工需要,冬期施工期间应增设不少于2组同条件养护试件。

5.1.2　混凝土拌和站

1　拌和站应依据混凝土使用工点分布、道路运输等环境条件、施工组织安排等因素进行选址。场区规划包括生产区和生活办公区,其中生产区根据施组安排,预留冬期施工措施。

2　拌和站的冬期施工生产能力应满足日最大混凝土需求量的要求。拌和设备应能满足工程结构混凝土连续作业的施工要求,且宜采用双套设备。

3　计量仪器应检定合格且在有效期内,计量仪器宜加大自检频率。

4　拌和站设备应严格按照设备安装技术标准进行安装,设备应稳固可靠,并应采取必要的防风、防雨雪、防雷电等措施。

5　拌和站冬期施工应进行拌和工艺试验。

6　拌和站场内布置应符合下列规定:

1)原材存放料场地应进行硬化,行车道路应具有防滑措施。场地排水应设施完善、排水畅通,无明显积水、积冰雪和坑洼。

2)粗、细骨料应按待检区和合格区分别存放,不同品种和规格的粗、细骨料用隔离墙分离,并根据需要设置保温、加热设施。

3）保温设施管道在拌和站规划时充分考虑，统一规划，如大量采用电加热设备，应适当增大建站变压器容量。

5.1.3 混凝土原材料

1 冬期施工混凝土配制宜选用硅酸盐水泥或普通硅酸盐水泥，不宜使用早强水泥；当采用蒸汽养护且强度等级不大于 C30 时，宜选用矿渣硅酸盐水泥。水泥的性能应符合《铁路混凝土工程施工质量验收标准》TB 10424 的有关规定。

2 冬期施工混凝土配制所用矿物掺合料应选用能改善混凝土性能且品质稳定的产品。严寒地区混凝土结构所处的环境为严重冻融破坏环境，粉煤灰的烧失量不宜大于 3.0%。矿物掺合料其他性能应满足《铁路混凝土工程施工质量验收标准》TB 10424 的有关规定。

3 冬期施工混凝土配制所用细骨料应选用级配合理、质地坚固、吸水率低、孔隙率小的洁净天然河砂，也可选用专门机组生产的机制砂，不得使用海砂。严寒地区处于冻融破坏环境，细骨料的含泥量不应大于 2.0%，吸水率不应大于 1.0%。细骨料其他性能指标应满足《铁路混凝土工程施工质量验收标准》TB 10424 的有关规定。

4 冬期施工混凝土配制所用粗骨料应选用级配合理、粒形良好、质地均匀坚固、线胀系数小的洁净碎石，无抗拉和抗疲劳要求的 C40 以下混凝土也可采用卵石。粗骨料应由二级或多级级配混配而成。严寒地区处于冻融破坏环境，粗骨料的吸水率不应大于 1.0%。粗骨料其他性能指标应满足《铁路混凝土工程施工质量验收标准》TB 10424 的有关规定。

5 冬期施工混凝土配制所用外加剂应选用质量稳定的产品，外加剂与水泥及矿物掺合料之间应具有良好的相容性，其品种和掺量应经试验确定。在满足相关标准和现场施工要求条件下，宜使用早强型、标准型外加剂，或在外加剂中适当加入早强组分，缩短混凝土的凝结时间，保证冬期施工混凝土的早期强度。外加剂其他性能指标应满足《铁路混凝土工程施工质量验收标准》TB 10424 的有关规定。

6 冬期施工站房工程混凝土配制所用早强剂能明显提高混凝土早期强度，其性能应符合《混凝土外加剂》GB 8076 的有关规定。

7 冬期施工站房工程混凝土配制所用防冻剂应满足《混凝土外加剂应用技术规范》GB 50119 和《混凝土防冻剂》JC 475 的有关规定。

8 冬期施工混凝土拌和用水可采用饮用水，不得采用海水，当使用其他来源的水时，其性能应符合《铁路混凝土工程施工质量验收标准》TB 10424 的有关规定。

5.1.4 混凝土配合比

1 冬期混凝土配合比应考虑施工期间环境温度、原材料、养护方法、施工工艺及混凝土性能要求等因素，必要时对配合比进行试验调整或重新选定。混凝土宜选用较低的水胶比和较少的用水量，适当提高配制强度并严格控制泌水和坍落度损失保证低温下的早期强度满足要求。冬期施工混凝土强度发展参考统计及分析详见本手册附录 E。

2 混凝土施工前应对砂、石含水率进行测定，根据测定结果对理论配合比进行调整,确定施工配合比。

3　配合比的调整可对混凝土外加剂用量、粗细骨料分级比例、砂率进行适当调整,增强混凝土的黏聚性和保水性,防止泌水或泌浆导致混凝土受冻,调整后的混凝土拌和物性能应与理论配合比一致。

4　在原材料质量合格稳定,拌和站冬期施工措施到位,混凝土生产拌和、运输、浇筑、现场养护各个环节均能满足标准要求前提下,冬期施工可以延用原有的混凝土配合比而不做重新选定;但当出现下列条件之一时,混凝土配合比宜重新进行选定:

1)更换原材料或原材料质量波动较大,仅对配合比调整不足以满足混凝土各项性能要求;

2)冬期施工导致现场施工工艺发生变化,对混凝土性能要求发生重大改变;

3)当室外最低气温低于 −15 ℃,低温环境可能对混凝土强度发展造成影响。

5　冬期施工混凝土配合比选定可参考以下几项措施:

1)冬期施工混凝土配合比可适当提高配置强度,可根据原材料质量、环境条件、施工工艺等因素,在原配合比基础上将水胶比降低 0.02 ~ 0.05 以提高混凝土一到两个强度等级,降低水胶比具体可通过增加胶材用量 5% ~ 10% 或降低用水量 5 ~ 10 kg/m^3,提高混凝土的强度等级从而提高混凝土早期强度;

2)冬期施工混凝土配合比宜适当降低矿物掺合料用量,增加水泥用量有助于提高混凝土的早期强度;

3)冬期施工混凝土宜使用早强型外加剂或在外加剂中掺入早强组分,缩短混凝土凝结时间,提高早期强度;

4)对于运输、浇筑、施工便捷且对保坍性能要求不高的混凝土宜选用凝结时间较短的水泥,缩短混凝土凝结时间,提高早期强度。

6　混凝土配合比选定应符合下列规定:

1)检验和计算项目应符合表 5.1.4—1 的规定。

表 5.1.4—1　混凝土配合比选定试验的检验和计算项目

<table>
<tr><th>序号</th><th>检验项目</th><th>试验方法</th><th>备　注</th></tr>
<tr><td>1</td><td>坍落度或维勃稠度</td><td rowspan="4">《普通混凝土拌合物性能试验方法标准》GB/T 50080</td><td rowspan="3">基本检验项目</td></tr>
<tr><td>2</td><td>泌水率</td></tr>
<tr><td>3</td><td>凝结时间</td></tr>
<tr><td>4</td><td>扩展度和扩展时间</td><td>对自密实混凝土</td></tr>
<tr><td>5</td><td>抗压强度</td><td>《混凝土物理力学性能试验方法标准》GB/T 50081</td><td rowspan="3">基本检验项目</td></tr>
<tr><td>6</td><td>电通量</td><td>《普通混凝土长期性能和耐久性能试验方法标准》GB/T 50082</td></tr>
<tr><td>7</td><td>含气量</td><td>《普通混凝土拌合物性能试验方法标准》GB/T 50080</td></tr>
</table>

续表 5.1.4—1

序号	检验项目	试验方法	备　注
8	弹性模量	《混凝土物理力学性能试验方法标准》GB/T 50081	仅对预应力混凝土或设计有要求时
9	抗冻等级	《普通混凝土长期性能和耐久性能试验方法标准》GB/T 50082	仅对冻融破坏环境混凝土或对耐久性有特殊要求混凝土
10	气泡间距系数	《铁路混凝土》TB/T 3275	仅对冻融破坏、盐类结晶破坏环境的混凝土
11	氯离子扩散系数	《普通混凝土长期性能和耐久性能试验方法标准》GB/T 50082	仅对处于氯盐环境的混凝土
12	56 d 抗硫酸盐结晶破坏等级		仅对处于盐类结晶破坏环境的混凝土
13	胶凝材料抗蚀系数	《铁路混凝土》TB/T 3275	仅对处于硫酸盐化学侵蚀环境的混凝土
14	抗渗等级	《普通混凝土长期性能和耐久性能试验方法标准》GB/T 50082	仅对隧道衬砌混凝土或设计有要求时
15	收缩		仅对无砟轨道底座板混凝土、双块式轨枕道床板混凝土、自密实混凝土
16	总碱含量	水泥、矿物掺合料、外加剂、水的碱含量之和	基本计算项目
17	总三氧化硫含量	水泥,矿物掺合料,外加剂,粗,细骨料,水的三氧化硫含量之和	
18	总氯离子含量	水泥,矿物掺合料,外加剂,粗,细骨料,水的三氧化硫含量之和	

2）为提高混凝土耐久性,改善混凝土的施工性能和抗裂性能,混凝土中应适量掺加粉煤灰、矿渣粉和硅灰等矿物掺合料。不同矿物掺合料的掺量应根据混凝土的性能要求参照表 5.1.4—2 通过试验确定。

表 5.1.4—2　不同环境下混凝土中矿物掺合料掺量范围(%)

环境类别	矿物掺合料种类	水胶比	
		≤0.4	>0.4
碳化环境	粉煤灰	≤40	≤30
	矿渣粉	≤50	≤40
氯盐环境	粉煤灰	30~50	20~40
	矿渣粉	40~60	30~50
化学侵蚀环境	粉煤灰	30~50	20~40
	矿渣粉	40~60	30~50
盐类结晶破坏环境	粉煤灰	≤40	≤30
	矿渣粉	≤50	≤40

续表 5.1.4—1

环境类别	矿物掺合料种类	水胶比	
		≤0.4	>0.4
冻融破坏环境	粉煤灰	≤30	≤20
	矿渣粉	≤40	≤30
磨蚀环境	粉煤灰	≤30	≤20
	矿渣粉	≤40	≤30

注:1　本表规定的掺量是指单掺一种矿物掺合料时的适宜掺量范围。当采用多种矿物掺合料复掺时,不同矿物掺合料的掺量可参照本表,并经过试验确定。

2　本表规定的矿物掺合料的掺量范围仅限于使用硅酸盐水泥或普通硅酸盐水泥的混凝土。

3　对于预应力混凝土结构,粉煤灰的掺量不宜超过30%。

4　严重氯盐环境与化学侵蚀环境下,粉煤灰的掺量应大于30%,或矿渣粉的掺量大于50%。

5　硅灰掺量不宜超过胶凝材料总量的8%,且宜与其他矿物掺合料复合使用。

3) 混凝土的胶凝材料最大用量宜满足表5.1.4—3的要求;

4) 不同环境条件下,混凝土的最大水胶比和最小胶材用量应符合设计要求,当设计无要求时,应符合表5.1.4—4的规定;

表5.1.4—3　混凝土的最大胶凝材料用量限值(kg/m^3)

混凝土强度等级	成型方式	
	振动成型	自密实成型
<C30	360	—
C30~C35	400	550
C40~C45	450	600
C50	480	—
>C50	500	—

表5.1.4—4　混凝土最大水胶比和最小胶材用量(kg/m^3)

环境类别	环境作用等级	设计使用年限		
		100年	60年	30年
碳化环境	T1	0.55,280	0.60,260	0.60,260
	T2	0.50,300	0.55,280	0.55,280
	T3	0.45,320	0.50,300	0.50,300
氯盐环境	L1	0.45,320	0.50,300	0.50,300
	L2	0.40,340	0.45,320	0.45,320
	L3	0.36,360	0.40,340	0.40,340

续表 5.1.4—4

环境类别	环境作用等级	设计使用年限		
		100 年	60 年	30 年
化学侵蚀环境	H1	0.50,300	0.55,280	0.55,280
	H2	0.45,320	0.50,300	0.50,300
	H3	0.40,340	0.45,320	0.45,320
	H4	0.36,360	0.40,340	0.40,340
盐类结晶破坏环境	Y1	0.50,300	0.55,280	0.55,280
	Y2	0.45,320	0.50,300	0.50,300
	Y3	0.40,340	0.45,320	0.45,320
	Y4	0.36,360	0.40,340	0.40,340
冻融破坏环境	D1	0.50,300	0.55,280	0.55,280
	D2	0.45,320	0.50,300	0.50,300
	D3	0.40,340	0.45,320	0.45,320
	D4	0.36,360	0.40,340	0.40,340
磨蚀环境	M1	0.50,300	0.55,280	0.55,280
	M2	0.45,320	0.50,300	0.50,300
	M3	0.40,340	0.45,320	0.45,320

注:碳化环境下,素混凝土最大水胶比不应超过0.60,最小胶凝材料用量不应低于260 kg/m^3;氯盐环境下,素混凝土最大水胶比不应超过0.55,最小胶凝材料用量不应低于280 kg/m^3。

5)混凝土中含碱量应符合设计要求。当设计无要求时,混凝土的含碱量应符合表5.1.4—5的规定;

6)钢筋混凝土的混凝土氯离子含量不应超过胶凝材料总量的0.10%,预应力混凝土的混凝土氯离子含量不应超过胶凝材料总量的0.06%;

7)混凝土中三氧化硫含量不应超过胶凝材料总量的4.0%;

8)混凝土的浆体体积应满足表5.1.4—6的规定;

9)在满足施工工艺条件的情况下,宜尽量选用低流动性的混凝土。

表5.1.4—5 混凝土最大含碱量(kg/m^3)

设计使用年限		100 年	60 年	30 年
环境条件	干燥环境	3.5	3.5	3.5
	潮湿环境	3.0	3.0	3.5
	含碱环境	2.1	3.0	3.0

注:1 混凝土的碱含量是指混凝土各种原材料的含碱量之和。其中,矿物掺合料的碱含量以其所含可溶性碱计算。粉煤灰的可溶性碱量取粉煤灰总碱量的1/6,矿渣粉的可溶性碱量取矿渣粉总碱量的1/2,硅灰的可溶性碱量取硅灰总碱量的1/2。

2 干燥环境是指不直接与水接触,年平均空气相对湿度长期不大于75%的环境;潮湿环境是指长期处于水下或潮湿土中、干湿交替区、水位变化区以及年平均相对湿度大于75%的环境;含碱环境是指直接与高含盐碱土体、海水、含碱工业废水或钠(钾)盐等接触的环境;干燥环境或潮湿环境与含碱环境交替变化时,均按含碱环境对待。

3 对于含碱环境中的混凝土结构,当其设计使用年限为100年时,除了混凝土的碱含量应满足本表要求外,还应使用非碱活性骨料;当其设计使用年限为30年、60年时,在限制混凝土含碱量的同时,还应对混凝土表面做防水、防碱涂层处理,否则应换用非碱活性骨料。

4 当骨料的砂浆棒膨胀率大于等于0.10%且小于0.20%时,混凝土碱含量应满足本表的规定;当骨料的砂浆棒膨胀率大于等于0.20%且小于0.30%时,除满足本表规定外还应采取抑制碱—骨料反应的技术措施,并经试验证明抑制有效。当抑制无效时,可采取更换碱含量较低的水泥、增加矿物掺和料掺量或掺加具有抑制碱—骨料反应功效的外加剂等技术措施。抑制碱—骨料反应有效性应按《铁路混凝土》TB/T 3275—2018附录C进行检验。

表5.1.4—6 不同强度等级混凝土的浆体体积限值

强度等级	浆体体积
C30～C50(不含C50)	≤0.32
C50～C60(含C60)	≤0.35
C60以上(不含C60)	≤0.38

注:浆体体积即单位体积混凝土中胶凝材料和水所占的体积。

5.1.5 混凝土原材料加热要求及方法

1 混凝土运时较长,应对水和骨料加热,适当提高混凝土的出机温度,以保证混凝土入模温度。水的比热约为砂、石的5倍,加热拌和水容易实现。

2 拌和用水和骨料加热的温度不应超过表5.1.5的规定。

表5.1.5 拌和用水和骨料的最高加热温度(℃)

采用的水泥品种	拌和用水	骨料
硅酸盐水泥和普通硅酸盐水泥	60	40

骨料不加热,拌和用水可以加热到60 ℃以上,最高可加热至80 ℃。60 ℃以上水不可直接与水泥接触,避免发生速凝或假凝现象,影响混凝土工作性及后期强度,应调整投料顺序,避免直接接触。同时,外加剂不可与水采取同掺法,避免外加剂性能损失。

水加热宜采用蒸汽加热、电加热、汽水热交换罐加热等方法,也可采用检测合格的外购热水,水箱或水池容积应满足连续施工要求,宜设置两个水池交替使用。

3 当环境温度较低,仅加热拌和用水不足以满足要求时,可再对骨料加热,但其加热温度不应高于40 ℃。用于冬期施工混凝土的粗、细骨料中不得含有冰、雪冻块及其他易冻裂物质。

4 骨料保温加热料仓,宜分别配备两个及以上,交替加热使用。

5 骨料仓的加热保温方法。

预拌混凝土粗、细骨料,应提前备足料,运至有加热设施的保温封闭储料棚或储料仓内备用，骨料仓结构应进行最大荷载验算，满足风、雪荷载要求，骨料仓大门应悬挂棉门帘以保证室内温度，上料通道及储料斗应采用彩钢板密封保温，料仓内采用以下方法进行加热升温：

1）燃气红外热辐射系统进行加热，可采用燃气辐射炉等采暖设备。设备可设定温度，自动控制加热时间，保证原材料温度稳定，骨料仓辐射管道宜沿地面上 3 m 四周布设。

2）蒸汽锅炉进行加热，供热管路布设采用料仓地面预埋敷设蒸汽管路及料仓围墙挂设蒸汽管路，地面预埋敷设间距宜为 1.5 m，围墙挂设宜设置上下三排，加热速度快，一般采用 4 t/h 蒸汽锅炉，骨料仓管道布设如图 5.1.5—1 所示。

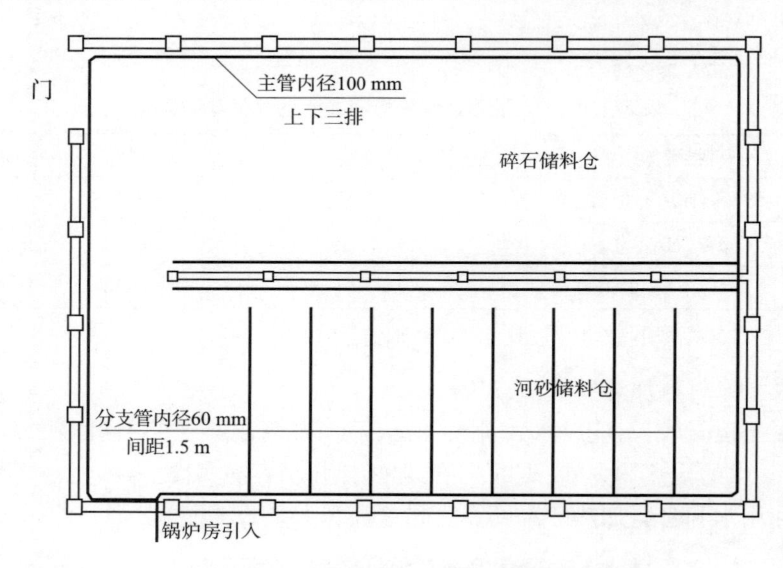

图 5.1.5—1　拌和站骨料仓管道布设示意图

3）模块锅炉进行加热，供热管路布设采用料仓地面预埋敷设及料仓围墙侧壁悬挂方式，根据供热面积进行锅炉选型。

4）当料仓内温度不满足时，料仓内应增加热风炮、热风幕、蒸汽发生器等设施，对粗细骨料进行升温。骨料加热前可用帆布等物进行覆盖。

6　外加剂应存放在专用仓库或固定场所不得受冻，宜采用暖气管路、空调、热风幕、暖风机等方式进行保温，使用温度不宜低于 10 ℃。

7　水泥、矿物掺合料储存于筒仓内，筒仓宜包封。

8　胶凝材料、粗细骨料、拌和用水、外加剂温度监控应采用信息化集料测温系统，测温系统布设示意如图 5.1.5—2 所示。

9　热工计算。按照本手册附录 A 混凝土热工计算，依据拌和物温度、搅拌机棚内温度，通过计算确定混凝土各工序的温度管理要求。

5.1.6　混凝土搅拌

1　冬期施工期间，计量器具应增加自校频次。每一工班正式称量前，应对计量设备

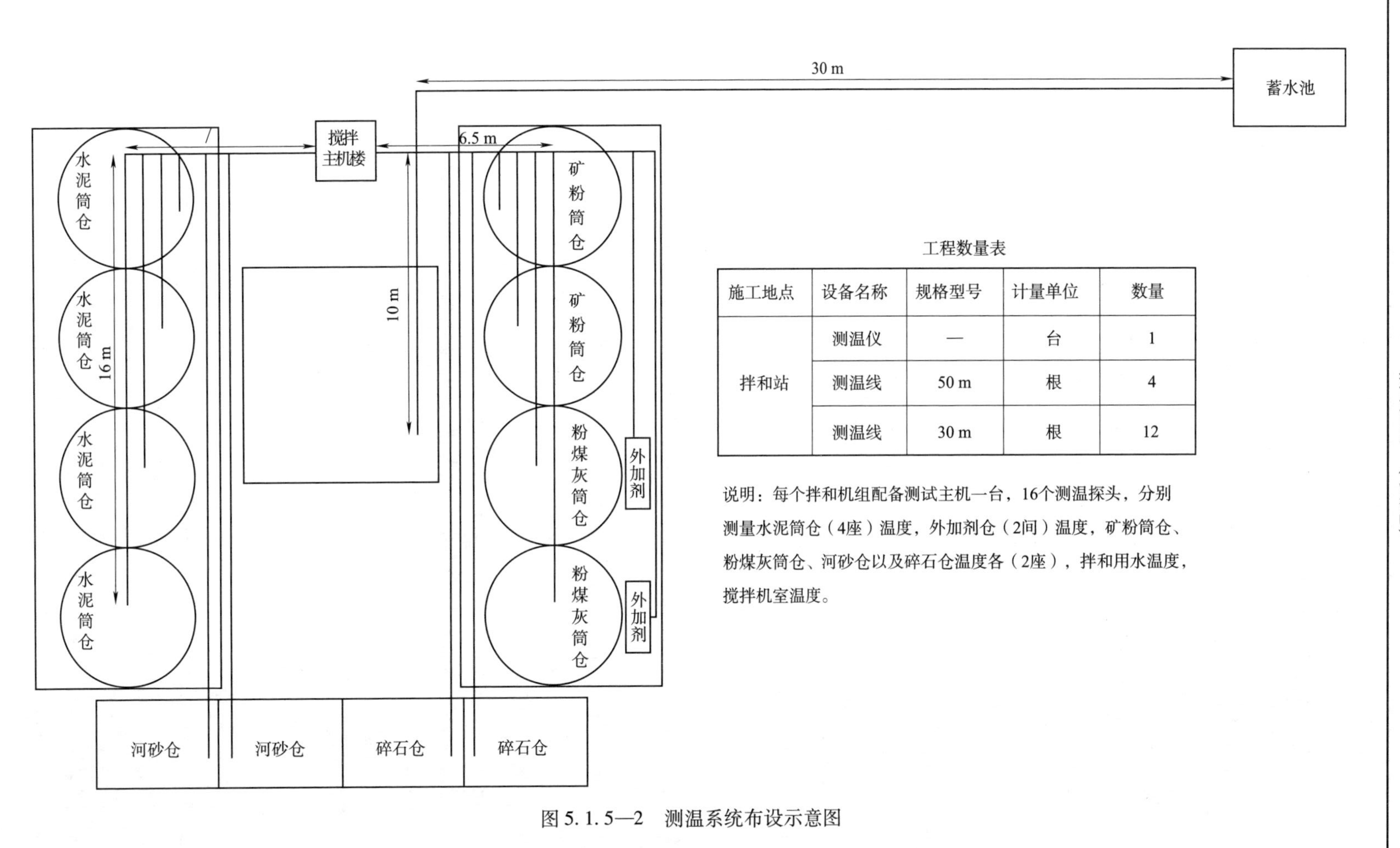

工程数量表

施工地点	设备名称	规格型号	计量单位	数量
拌和站	测温仪	—	台	1
	测温线	50 m	根	4
	测温线	30 m	根	12

说明：每个拌和机组配备测试主机一台，16个测温探头，分别测量水泥筒仓（4座）温度，外加剂仓（2间）温度，矿粉筒仓、粉煤灰筒仓、河砂仓以及碎石仓温度各（2座），拌和用水温度，搅拌机室温度。

图 5.1.5—2　测温系统布设示意图

进行检查。

2 冬期施工期间混凝土搅拌时间宜较常温施工延长50%左右，应不低于180 s，混凝土搅拌时间应每班检查2次。砂浆搅拌时间宜较常温施工延长，应不低于120 s。

3 皮带运输机应包封严实，气路装置应进行加热保温，宜采用伴热带外包保温棉进行包裹。

4 外加剂管路采用伴热带外包岩棉进行包裹。

5 水管管路采用外包保温棉进行包裹，减少温度散失。

6 搅拌混凝土前，应每工班增加骨料含水率检测至少一次，及时调整施工配合比。

7 混凝土搅拌楼应封闭严密，温度不宜低于10 ℃，宜采用电暖气或热风机进行室内辅助加温，测温点设置在距地面50 cm高度处，每昼夜测温不得少于4次。

8 搅拌混凝土前用热水冲洗搅拌机鼓筒进行预热，搅拌混凝土结束后用热水进行冲洗搅拌机鼓筒。

9 冬期施工搅拌时先投入骨料和已加热的水，搅拌均匀后再投入水泥和矿物掺合料，粉体外加剂与矿物掺合料同时加入。

10 拌制的混凝土发生速凝或假凝现象，应调整拌和料的入机温度。

5.1.7 混凝土运输

1 混凝土运输道路应增设防滑措施，运输遵循节约时间、缩短距离、连续均衡供料的原则。

2 混凝土搅拌运输车罐体宜采用保温罐衣包裹，在装运混凝土前应用热水预热罐体。

3 混凝土搅拌运输车运送混凝土时，搅拌罐转速宜为2～4 r/min，减少热量损失；当搅拌运输车到达浇筑现场时，应高速旋转20～30 s后卸料。

5.1.8 混凝土泵送浇筑

1 混凝土浇筑时，现场要检测每车混凝土的入模温度。

2 混凝土输送机具及泵管应采取保温措施，宜采用包裹保温岩棉方式进行保温，对混凝土泵送料口采取防风保温措施。

3 泵送混凝土时，应采用热拌水泥砂浆对泵和泵管进行润滑、预热，热拌水泥砂浆应与施工浇筑混凝土同配比，不得作为结构混凝土使用。

4 泵送完毕，应及时将混凝土泵和输送管线清洗干净，彻底排出内部积水，防止受冻。

5.1.9 温度监控

1 建立温度监测制度，设专人负责测温工作，并于开始测温前组织培训和交底。对施工环境温度、原材料温度、混凝土拌和料温度、混凝土骨料棚室内温度，混凝土出机温度、入模温度等进行监测，并针对温度变化情况，适时调整防寒保温措施。

2 测量原材料使用前的温度，根据测温情况采取适当措施。胶凝材料、粗细骨料和外加剂温度于混凝土开盘前4 h测量，水的温度于混凝土开盘前1 h测量。

3 混凝土生产过程中,监测混凝土的出机温度及入模温度,掌控运输途中的温度损失,及时调整混凝土出机温度。

4 各项测温项目的测温记录频次见表 5.1.9。

表 5.1.9 测温记录频次表

测温项目	频次
室外气温	测量最高、最低气温
环境温度	每昼夜不少于 4 次
搅拌楼温度	每一工作班不少于 4 次
水、水泥、矿物掺合料、砂、石及外加剂溶液温度	每一工作班不少于 4 次
混凝土出机、入模温度	每一工作班不少于 4 次

注:按搅拌机组分别进行测温。

5.2 预制梁场

5.2.1 一般规定

1 预制梁场建场时应根据地基情况和气候条件,充分考虑冬季冻胀和春季融冻期间地基变化对基础的影响,应采取有效措施防止因地面软化而造成基础沉降的情况。

2 冬期临时给水管道、排水管道应提前包裹或预留可包裹空间,做好冬施准备。

3 临建方案规划时要充分考虑冬期养生设施的配置,燃气锅炉蒸汽养生要综合考虑现场燃气资源;电加热设备考虑电热装置的用电需求。

4 运输便道修建时要满足冬期施工运行要求,汽车运输便道设计需考虑地形、冬期施工气候条件、运量大小、当地料源等情况。

5.2.2 梁场拌和站

见“5.1 混凝土拌和站”施工相关要求。

5.2.3 梁场钢筋加工棚

见“5.3 钢筋、钢构件加工场”施工相关要求。

5.2.4 梁场建场

1 具备埋设条件的给排水管道要提前进行埋设,埋设前管道要做好保温包裹,埋设深度根据当地最大冻结深度确定。

2 采用燃气或环保型燃料锅炉蒸汽养生时,应规划好锅炉的安装位置,预留充足燃气或燃料存放区域,做好设备管道布设或预留;采用电加热设备时,应充分考虑电热装置的用电需求;蒸汽发生器等用电设施安放位置较为灵活,应考虑设备供水条件,规划管线埋设位置,也可采用简易水箱供水。

3 冻融期应加强制存梁台座、吊车走行线等基础的沉降观测。

4 制、存梁台座蒸汽管道铺设:

1) 锅炉养护时,可采用 DN100 的主管道从锅炉房引至制梁区,沿制梁台座端部横向布置。可采用 DN32 分管道从主管道引入到制梁台座底板下部。

2）存梁区可设置固定的蒸养区。

3）梁场蒸汽管道布置如图 5. 2. 4 所示。

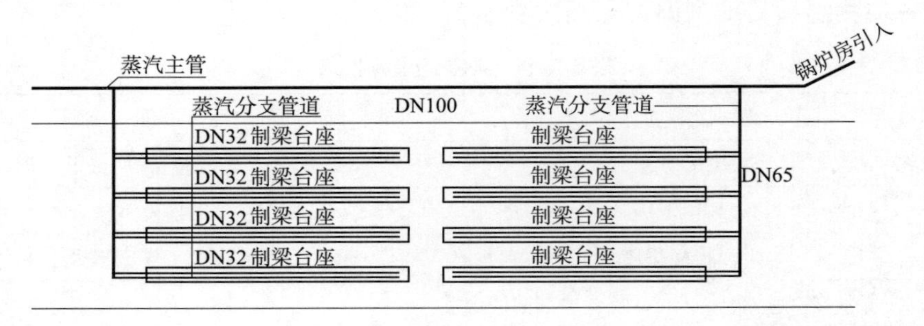

图 5. 2. 4　梁场蒸汽管道布置示意图

5. 3　钢筋、钢构件加工场

5. 3. 1　一般要求

1　运输便道修建时要满足冬期施工运行要求，汽车运输便道设计需考虑地形、冬期施工气候条件、运量大小、当地料源等情况。

2　钢筋、钢构件加工场建设时，做好加热设备的电力规划。钢筋、钢构件加工场采用全封闭拱形结构，可增设电动门帘。作业区域使用热风幕等设备加热升温，作业区域温度宜高于 0 ℃。钢筋、钢构件加工场冬期施工主要加热设备见表 5. 3. 1。

表 5. 3. 1　钢筋加工场冬期施工主要加热设备表

序号	设备名称	单位	规格型号	主要性能	数量	备　注
1	电热风幕	台	380 V-18 kW	送风量 2 300 m^3/h	4	根据作业区面积确定台数
2	热风机	台	20 kW	风量 430 m^3/h	4	

注：表中数量为施工经验值，具体应根据现场情况计算确定。材料、设备选型见本手册附录 D。

3　按照冬期施工物资供应计划储备钢筋及型钢等，提前存放于保温加工棚内。

4　现场所用钢筋和钢构件应在钢筋棚内加工和焊接，宜组装完成后运至现场整体或节段安装。

5　钢筋、钢构件半成品在现场存放时，宜用篷布覆盖，下垫木板、方木，高度 20 cm 以上，不得与冰雪直接接触。

5. 3. 2　钢筋加工

1　一般规定

1）钢筋冷弯及调直冷拉温度不宜低于 −20 ℃，当环境温度低于 −20 ℃时，不得对 HRB400、HRB500 钢筋进行冷弯操作。

2）钢筋的闪光对焊宜在室内进行，焊接时的环境气温不宜低于 0 ℃。钢筋应提前运入车间，焊毕后的钢筋应待完全冷却后方能运往室外。

3）钢筋负温焊接，可采用闪光对焊、电弧焊、电渣压力焊等方法。当采用细晶粒热轧钢筋时,其焊接工艺应经试验确定。当环境温度低于 -20 ℃时,不宜施焊。钢筋的电弧焊接应有防雪、防风及保温措施,并应选用韧性较好的焊条。焊接后的接头严禁立即接触冰雪。

4) 负温条件下使用的钢筋,施工过程中应加强管理和检验,钢筋在运输和加工过程中应防止撞击和刻痕。

5) 钢筋张拉与冷弯设备、仪表和液压工作系统油液应根据环境温度选用,并应在使用温度条件下进行配套校验。

6) 在满足规范和设计的条件下,钢筋连接优先选择机械连接。

2　钢筋负温焊接

1) 雪天或施焊现场风速超过三级风焊接时,应采取遮蔽措施,焊接后未冷却的接头应避免碰到冰雪。

2) 负温闪光对焊:

①热轧钢筋负温闪光对焊,宜采用预热—闪光焊或闪光—预热—闪光焊工艺。钢筋端面比较平整时,宜采用预热—闪光焊;端面不平整时,宜采用闪光—预热—闪光焊。

②负温闪光对焊,与常温焊接相比,应采取以下措施:

a. 调伸长度增加 10% ~20%,以利于增大加热范围,增加预热留量、预热次数、预热间歇时间和预热接触压力,降低冷却速度,改善接头性能;

b. 控制热影响区长度。热影响区长度随钢筋级别、直径的增加而适当增加;

c. 变压器级数应降低 1 ~2 级,以能保证闪光顺利为准;

d. 在闪光过程开始以前,可将钢筋接触几次,使钢筋温度上升,以利于闪光过程顺利进行。烧化过程中期的速度适当减慢;

e. 钢筋负温闪光对焊宜选用表 5.3.2—1 的参数。在施焊时可根据焊件的钢种、直径、施焊温度和焊工技术水平灵活选用。

表 5.3.2—1　钢筋负温闪光对焊焊接参数

钢筋直径(mm)	变压器级数	调伸长度(mm)	一次闪光留量(mm)	预热留量(mm)	二次闪光留量(mm)	顶锻留量(mm)	见红区长度(mm)
12	Ⅴ	30	10 + e	—	—	5	20 ~25
14 ~18	Ⅴ	33	3 + e	2 ~3	8	5 ~6	25 ~30
20 ~25	Ⅳ、Ⅴ	35	3 + e	3 ~4	9 ~10	5 ~6	35 ~30
28 ~32	Ⅴ、Ⅵ	37	3 + e	4 ~5	10	6 ~7	30 ~35

注:1　e 为钢筋端部不平时,两钢筋凸出部分的长度;

2　表中焊接参数适用于 lp-75 型对焊机。

3) 负温电弧焊:

①钢筋负温电弧焊时,可参考表 5.3.2—2 选择焊接参数。焊接时必须防止产

生过热、烧伤、咬肉和裂纹等缺陷，在构造上应防止在接头处产生偏心受力状态。

表 5.3.2—2　钢筋负温电弧焊焊接参数

<table>
<tr><th rowspan="2">焊接种类</th><th rowspan="2">钢筋直径（mm）</th><th rowspan="2">焊缝层数</th><th colspan="2">平　焊</th><th colspan="2">立　焊</th><th rowspan="2">焊接速度（mm/min）</th></tr>
<tr><th>焊条直径（mm）</th><th>焊接电流（A）</th><th>焊条直径（mm）</th><th>焊接电流（A）</th></tr>
<tr><td rowspan="6">帮条焊接</td><td rowspan="2">10 ~ 14</td><td rowspan="2">1</td><td>3.2</td><td>130 ~ 140</td><td>3.2</td><td>90 ~ 110</td><td rowspan="2">90 ~ 100</td></tr>
<tr><td>4.0</td><td>150 ~ 170</td><td>4.0</td><td>110 ~ 130</td></tr>
<tr><td rowspan="2">16 ~ 20</td><td rowspan="2">2</td><td>3.2</td><td>130 ~ 140</td><td>3.2</td><td>90 ~ 110</td><td rowspan="2">80 ~ 90</td></tr>
<tr><td>4.0</td><td>150 ~ 170</td><td>4.0</td><td>120 ~ 140</td></tr>
<tr><td rowspan="2">22 ~ 40</td><td rowspan="2">3</td><td>4.0</td><td>150 ~ 170</td><td>3.2</td><td>100 ~ 120</td><td rowspan="2">70 ~ 90</td></tr>
<tr><td>5.0</td><td>180 ~ 240</td><td>4.0</td><td>140 ~ 180</td></tr>
<tr><td rowspan="3">坡口焊</td><td>18 ~ 20</td><td>1</td><td>3.2</td><td>140 ~ 160</td><td>3.2</td><td>120 ~ 130</td><td>—</td></tr>
<tr><td rowspan="2">22 ~ 40</td><td rowspan="2">2</td><td>3.2</td><td>140 ~ 160</td><td>3.2</td><td>120 ~ 130</td><td rowspan="2">—</td></tr>
<tr><td>4.0</td><td>160 ~ 180</td><td>4.0</td><td>150 ~ 170</td></tr>
</table>

②为防止接头热影响区的温度梯度突然增大，进行帮条电弧焊或搭接电弧焊时，第一层焊缝，先从中间引弧，再向两端运弧；立焊时，先从中间向上方运弧，再从下端向中间运弧，以使接头端部的钢筋达到一定的预热效果。当大气温度低于 -5 ℃，采取多层控温施焊时层间温度控制在 150 ℃ ~350 ℃之间，以起到缓冷的作用，改善接头冷脆硬倾向。坡口焊的加强焊缝的焊接，也应分两层控温施焊。

③帮条与主筋之间应采用四点定位焊固定，搭接焊时应采用两点固定。帮条焊的引弧应在帮条钢筋的一端开始，收弧应在帮条钢筋端头上，弧坑应填满。定位焊缝与帮条或搭接端部的距离不应小于 20 mm。帮条接头或搭接接头的焊缝厚度不应小于钢筋直径的 30%，焊缝宽度不应小于钢筋直径的 80%。

④坡口焊时焊缝根部、坡口端面以及钢筋与垫板之间均应熔合良好，焊接过程应经常除渣。为了防止接头过热，宜采用多个接头轮流施焊。加强焊缝的宽度应超过 V 形坡口边缘 2 ~4 mm，其高度也应超过 2 ~4 mm，并平缓过渡至钢筋表面。

⑤钢筋电弧焊接接头进行多层施焊时，采用“回火焊道施焊法”，即最后回火焊道的长度比前层焊道在两端各缩短 4 ~6 mm，如图 5.3.2 所示，消除或减少前层焊道及过热区的淬硬组织，以改善接头的性能。

4）负温自动电渣压力焊：

①电渣压力焊宜用于 HPB300、HRB400 热轧带肋钢筋，电渣压力焊机容量应根据所焊钢筋直径选定，焊剂应存放于干燥库房内，在使用前经 250 ℃ ~

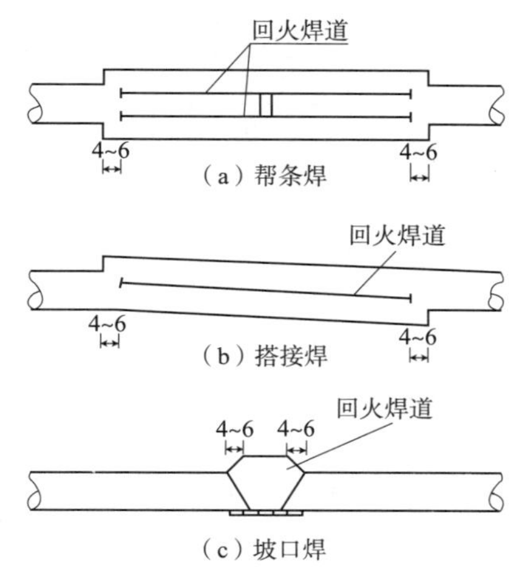

图 5.3.2　钢筋负温电弧焊回火焊道示意图(单位:mm)

300 ℃烘焙 2 h 以上。

②负温自动电渣压力焊的焊接步骤与常温相同,但焊接参数需做适当调整。其中焊接电流的大小,应根据钢筋直径和焊接时的环境温度而定,其影响渣池温度、黏度、电渣过程的稳定性和钢筋熔化速度。当焊接电流过小,常发生断弧,使焊接接头不能熔合,因此应适当增加焊接电流。焊接通电时间也应根据钢筋直径和环境温度调整。焊接通电时间过短,会使钢筋端面熔化不均匀,不能紧密接触,不易保证接头的熔合,故应当适当加大通电时间。钢筋负温自动电渣压力焊的焊接参数可参考表 5.3.2—3。

表 5.3.2—3　钢筋负温电渣压力焊焊接参数

钢筋直径 (mm)	焊接温度 (℃)	焊接电流 (A)	焊接通电时间 (s)	渣池电压 (V)
12	正温	250 ~ 350	12	25 ~ 35
	-10	350 ~ 450	13	
	-20	550 ~ 650	15	
16	正温	300 ~ 400	16	25 ~ 40
	-10	400 ~ 500	17	
	-20	600 ~ 700	19	
20	正温	350 ~ 450	20	25 ~ 45
	-10	450 ~ 550	21	
	-20	650 ~ 750	23	
22	正温	400 ~ 500	22	25 ~ 45
	-10	500 ~ 650	23	
	-20	700 ~ 850	25	

续表 5.3.2—3

钢筋直径（mm）	焊接温度（℃）	焊接电流（A）	焊接通电时间（s）	渣池电压（V）
25	正温	450 ~ 600	25	25 ~ 50
	-10	550 ~ 700	27	
	-20	800 ~ 900	29	
28	正温	500 ~ 650	30	25 ~ 60
	-10	600 ~ 750	32	
	-20	900 ~ 1 000	34	

③焊接完毕,应停歇 20 s 以上方可卸下夹具回收焊剂,回收的焊剂内不得混入冰雪,接头渣壳应待冷却后清理。

5.3.3 钢构件加工

1 一般规定

1）在负温度下加工和安装钢结构时,要注意计算温度变化引起的钢结构外形尺寸的偏差。

2）在负温度下加工的钢材,宜采用接纳平炉或氧气转炉 Q235 钢,16Mn、15MnV、16Mnq 和 15MnVq 钢。

3）选用负温度下钢结构焊接用的焊条、焊丝,在满足设计强度要求的前提下,应选用屈服强度较低,冲击韧性较好的低氢型焊条,重要结构可选择高韧性超低氢型焊条。

4）负温条件下,焊接宜采用碱性焊条,外露超过 4 h 应重新烘焙,焊条的烘焙次数不宜超过 2 次。

5）焊剂在使用前必须按照出厂证明书的规定进行烘焙,其含水量不得大于 0.1%。在负温度下焊接时,焊剂重复使用的间隔不得超过 2 h,否则必须重新烘焙。

6）气体保护焊用的二氧化碳,纯度不宜低于 99.5%（体积比）,含水率不得超过 0.005%（重量比）。使用瓶装气体时,瓶内压力低于 1 MPa 时应停止使用。在负温下使用时,要检查瓶嘴有没有冰冻堵塞现象。

7）螺栓应有产品合格证,高强螺栓应在负温下进行扭矩系数、轴力的复验工作,符合要求后方能使用。

8）钢结构使用的涂料应符合负温下涂刷的性能要求,禁止使用水基涂料。

2 钢构件制作

1）钢结构在负温下放样时,其割切、铣刨的尺寸应考虑负温对钢材收缩的影响。

2）端头为焊接接头的构件下料时,应根据工艺要求预留焊缝收缩量。

3）普通碳素结构钢工作环境温度低于 -20 ℃,或低合金钢工作环境温度低于 -15 ℃时,不得剪切、冲孔;普通碳素结构钢工作环境温度低于 -16 ℃,或低合金结构钢工作环境温度低于 -12 ℃时,不得进行冷矫正和冷弯曲。

4) 焊接结构在负温下组拼时,预留焊缝收缩值宜由试验确定,点焊缝的数量和长度由计算确定。

5) 在负温度下露天焊接钢结构时,宜搭设临时防护棚,雨水、雪花严禁飘落在炽热的焊缝上。

6) 在低于 0 ℃的钢构件上涂刷防腐涂层前,应进行涂刷工艺试验。

5.4 路基填料拌和站

5.4.1 一般规定

1 综合考虑天气因素,选择天气较好且气温较高的时间段进行施工,环境温度低于 -10 ℃,应停止施工。

2 级配碎石搅拌前,先经过热工计算,并经试拌确定水和骨料需要预热的最高温度,保证级配碎石的出机温度不低于 10 ℃,到现场温度不低于 5 ℃。

3 级配碎石生产过程中应对骨料、水及级配碎石拌和物的出机温度进行监测。原材料的温度监测每工作班不少于 4 次,拌和料出机温度监测每 2 h 测温 1 次。

4 冬期施工期间,级配碎石在压实前不得受冻,压实后采取保温措施。

5 级配碎石拌和站冬期施工期间,应采取有效的防火、防滑等安全保证措施。

5.4.2 级配碎石拌和站

1 冬期施工前,应提前将拌和站生产区及骨料存放区采用保温彩钢板整体封闭,并安装好供暖设施。用于料仓底部集中加热供暖及棚内整体供暖,确保施工时料仓内温度达到 15 ℃以上,棚内温度能达到 10 ℃以上。

2 拌和站设备应严格按照设备安装技术标准进行安装,主要设备应稳固可靠,并应采取必要的防风、防雨雪、防雷电等措施。

3 石粉和不同规格碎石应用隔离墙分离,料仓底部及侧墙安装供暖管道,对料仓骨料进行集中加热。拌和站供水设备应采取保温措施。

4 行车道路应能满足重载车辆通行及防滑要求。

5 拌和站冬期施工前应进行拌和工艺试验和级配碎石性能试验。

6 出料口应搭设工作平台,专人负责对出厂的料车进行覆盖保温。

5.4.3 配合比

在原始配合比基础上,根据工艺试验确定允许用水范围,并尽可能减少水的掺入量。

5.4.4 级配碎石原材料

1 石粉、石料等原材保证其干燥,确保入拌前石粉、石料中不积水、不带有冰雪及冻结块。

2 石粉的黏土团及有机物含量不应大于 2.0%,吸水率不应大于 1.0%。石粉要采取必要的覆盖措施。石粉的其他性能指标应满足《高速铁路路基工程施工质量验收标准》TB 10751 的有关规定。

3 碎石应选用级配合理、粒形良好、质地均匀坚固、线胀系数小的洁净碎石。粗骨料的吸水率不应大于1.0%。碎石的其他性能指标应满足《高速铁路路基工程施工质量验收标准》TB 10751 的有关规定。

5.4.5 生产区、骨料仓保温

1 将骨料仓、上料区及上料通道、斜皮带、搅拌区、出料仓全部采用彩钢板封闭保温。级配碎石用骨料,应提前备足料,运至有加热设施的保温料仓备用,大门处悬挂棉门帘以保证温度,骨料仓内的管道设置阀门,交替加热。

2 生产区、骨料仓加热设备可采用2台额定供热量0.5 MW的常压热水锅炉,在料仓地面预埋敷设供暖管道及料仓墙壁挂设供暖管道对骨料进行加热升温,当搅拌区、料仓内温度不满足要求时,可增加热风炮对骨料进行辅助升温。主管道DN100,支管道DN50;锅炉燃料采用燃气式环保型生物质煤炭。管道布置图如图5.4.5所示。

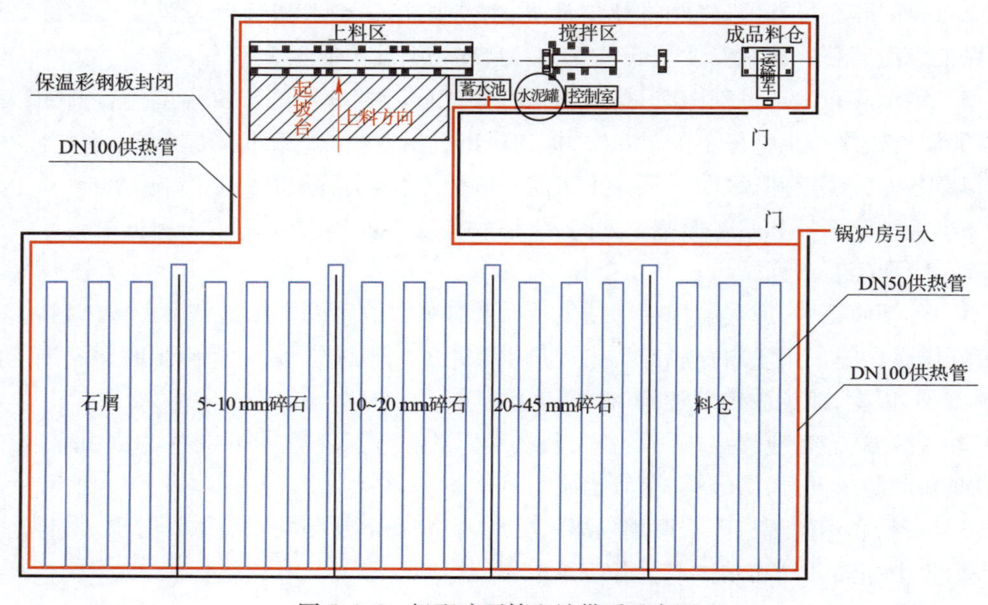

图5.4.5 级配碎石拌和站供暖示意图

3 拌和站的骨料、拌和用水宜采用温控仪对温度进行监控,同时现场放置常规温度计以便在测温系统故障不能使用时进行温度测量。

4 热工计算。参照本手册附录A混凝土热工计算,依据拌和物温度、搅拌机棚内温度,通过计算确定级配碎石各工序的管理要求。

5.4.6 级配碎石搅拌

1 冬期施工期间,计量器具应加大自校频次。每一工班正式称量前,应对计量设备进行检查。

2 冬期施工期间级配碎石搅拌时间宜较常温施工适当延长,提高拌和均匀性。但最短搅拌时间不宜少于30 s。

3 外管水管管路采用外包保温棉进行包裹,减少热量散失。

4　搅拌级配碎石前，应测定骨料的含水率，及时调整施工配合比。

5　搅拌机处采用热风幕或热风机进行室内辅助加温。应不低于 10 ℃，检测温度点设置在离地面 50 cm 高度处，每昼夜测温不应少于 4 次。

6　搅拌前用热水预热鼓筒，搅拌后用热水冲洗鼓筒。

7　冬期施工搅拌投料顺序为碎石—石屑—水。

5.4.7　级配碎石运输

1　运输道路应增设防滑措施，运输遵循节约时间、缩短距离、连续均衡供料的原则。

2　运输车辆在出场前需对车厢进行保温处理，采用车厢内部铺设土工布及木板，车厢上方用土工布加棉篷布覆盖进行保温，料车应覆盖严密，运输时间应尽可能缩短，减少级配碎石拌和物的热量损失。

6 路基工程

6.1 一般规定

6.1.1 施工现场日平均气温在0 ℃以下且连续15 d时,路基填筑应按冬期施工办理;施工现场日平均气温连续5 d在5 ℃以下或最低气温在0 ℃以下时,混凝土、砌体工程施工应按冬期施工办理。

6.1.2 冬期施工前应编制冬期施工方案及技术措施,进行工艺试验验证和论证,并对相关人员进行技术交底和培训。

6.1.3 冬期施工前准备工作应符合下列规定:

1 冬期施工项目应根据施工组织设计并结合现场实际确定,原则上不安排冬期施工。

2 收集当地历年气象资料,设置工地气象观测点,及时掌握气象变化情况。

3 配置冬期施工有关工程材料、防寒物资和机具设备。

6.1.4 CFG桩、螺杆(钉)桩及混凝土灌注桩等如采取冬期施工,混凝土施工严格执行混凝土冬期施工相关规定,施工完成后应对桩头进行保温处理。搅拌桩、旋喷桩灰土(水泥土)挤密桩、柱锤冲扩桩、塑料排水板、真空预压不宜进行冬期施工。路基冬期地基处理施工项目详见表6.1.4。

表6.1.4 路基冬期地基处理施工项目表

地基处理方式	1	2	3	4	5	6
	原地面处理	换填	砂(碎石)垫层	冲击(振动)碾压	强夯	袋装砂井
冬期施工	可以	可以	可以	不可以	可以	不可以
地基处理方式	7	8	9	10	11	12
	塑料排水板	真空预压	堆载预压	砂(碎石)桩	灰土(水泥土)挤密桩	柱锤冲扩桩
冬期施工	不可以	不可以	可以	可以	不可以	不可以
地基处理方式	13	14	15	16	17	
	搅拌桩	旋喷桩	CFG桩	混凝土预制桩	混凝土灌注桩	
冬期施工	不可以	不可以	可以	可以	可以	

注:原地面处理、冲击(振动)碾压、强夯、预压等在原地面冻结的情况下不应安排施工。

6.1.5 路基填筑冬期施工应符合下列规定:

1 路基填筑如采用C组及以下填料不应施工,掺水泥的级配碎石不应施工。当环境温度低于-20 ℃时,禁止进行基床表层及底层以下路基填筑。

2　路基填筑冬期施工时应进行工艺性试验，确定各项施工工艺参数。

3　路堤填筑施工前，应清除表面冰雪及冻结的土层，路堤施工应随挖、随填、随压实。填筑过程中严禁使用冻土或掺有冻土的填料，已铺填料层未压实前，不应中断施工，应保证开挖、运填周转时间小于填料的冻结时间。路基填筑完成后及时进行压实质量检测和保温措施检查。

4　取土场、路堑和路堤的外露土层应采用松土或草袋等措施进行覆盖。

5　路堤填筑应按横断面全宽分层填筑，填料松铺厚度应较常温填筑时减薄20%～25%。

6　路堤填筑停工后继续填筑前，应清除表面冰雪及冻结的土层。

6.1.6　路基支挡、防护及防排水工程

1　路基挡土墙、抗滑桩、桩板墙等路基支挡工程涉及混凝土工程严格执行混凝土冬期施工相关规定。锚索施工应对锚头进行保温处理。

2　支挡结构墙背回填不宜在冬期进行，特殊情况下，必须保证混凝土结构强度达到设计强度100%后，采用碎石或砂砾分层填筑，并覆盖草垫防冻。

3　路基骨架护坡、锚杆（索）框架梁等路基防护工程不应冬期施工。

4　路基防排水工程不应冬期施工。

6.2　地 基 处 理

6.2.1　冻结计算

1　冻层深度可按照公式（6.2.1）估算。

$$H = A(\sqrt{P} + 0.018P) \tag{6.2.1}$$

式中　H——未保温的土壤冻结深度；

A——系数，对黏土、粉质黏土取2.5，对粉砂、细砂取3.0；

P——冻结指数，$P = \sum T$；

T——土壤冻结期间每天实测平均负气温（℃）（以正数带入）。

2　土的冻结速度按表6.2.1—1考虑估算。

表6.2.1—1　土的冻结速度表

土 的 种 类	在下列气温条件下，接近最佳含水量时，土的冻结速度（cm/h）			
	−5 ℃	−10 ℃	−15 ℃	−20 ℃
覆盖有积雪的砂质粉土和粉质黏土	0.03	0.05	0.08	0.10
没有覆盖有积雪的砂质粉土和粉质黏土	0.15	0.30	0.35	0.50

3　当环境温度低于−20 ℃，考虑设备影响应停止进行地基处理施工。

4　主要设备材料需求见表6.2.1—2。

表 6.2.1—2　主要设备材料需求表

序号	材料名称	材料规格	需用数量	备　　注
1	聚乙烯彩条篷布	双面覆膜 100 g/m² 以上	覆盖表面积×1.2	厚度 0.15 mm 以上，宽度 6 m 及以上
2	聚乙烯彩条篷布	80 g/m²	覆盖表面积×1.2	临时材料覆盖
3	阻燃棉被	导热系数低于0.04	覆盖表面积×1.3	外部采用三防布，内部为岩棉或玻璃棉
4	防寒塑料	厚度 10 s 以上	覆盖表面积×1.1	0.1 mm 以上
5	塑料薄膜	厚度 5 s 以上	覆盖表面积×1.1	0.05 mm 以上
6	草　帘	厚度 2 cm 以上，导热系数低于 0.06	覆盖表面积×1.1	压实厚度 2 cm 以上
7	电热毯	220 V，恒温 55 ℃	覆盖保温面积	根据覆盖面积可选择 1 m×5 m 或者 1 m×10 m
8	岩　棉	厚度 1cm 以上	根据包裹设备及管道面积计算×1.3	包裹设备及管道使用
9	方　木	100 mm×100 mm；80 mm×80 mm	根据压盖面积，每 2 m 一道	压盖用

6.2.2　原地面处理

1　冻结前应完成地表清理，做好地面临时排水设施。

2　原地面为浅层淤泥土或腐殖土时，应在上冻前挖除。开挖后不能立即进行下道工序的，可将基底预留 30 cm 翻松耙平或覆盖松土保温，以防地基土受冻，施工下道工序时再挖出余土至设计标高。

3　原地面进行冲击碾压时，需要将冻层清除，保证碾压层未受冻，冲击碾压工艺应通过试验确定。

4　原地面处理后下步工序施工前，采取草帘覆盖措施进行保温，雪天加盖彩条篷布。

5　冬期施工增加主要防寒工装为草帘，草帘厚度为 2 cm 及以上，彩条篷布为双模。

6.2.3　换填

1　冬期路基换填施工工艺流程如图 6.2.3 所示。

2　路基基底换填时，应随挖、随填、随压实，已铺土层未压实前，不得中断施工，应保证挖、运、填、压的周转时间小于土的冻结时间。

3　换填所用材料不得使用冻胀土。换填中粗砂或碎石时，应采用不含杂质的天然级配砂砾，其含泥量不得大于 5%。换填砾碎石应采用未风化的干净砾石或是碎石，最大粒径不得大于 50 mm，含泥量不得大于 5%，且不得含有草根、垃圾和冻块等杂质。

4　换填后对换填部位进行碾压。碾压满足工艺性试验确定的标准。

5　压实后路基可采取彩条篷布＋草帘覆盖措施进行保温。

6　冬期施工增加主要防寒工装为彩条篷布和草帘，彩条篷布要求双膜彩条布，宽度 4 m 以上，草帘厚度为 2 cm 及以上。

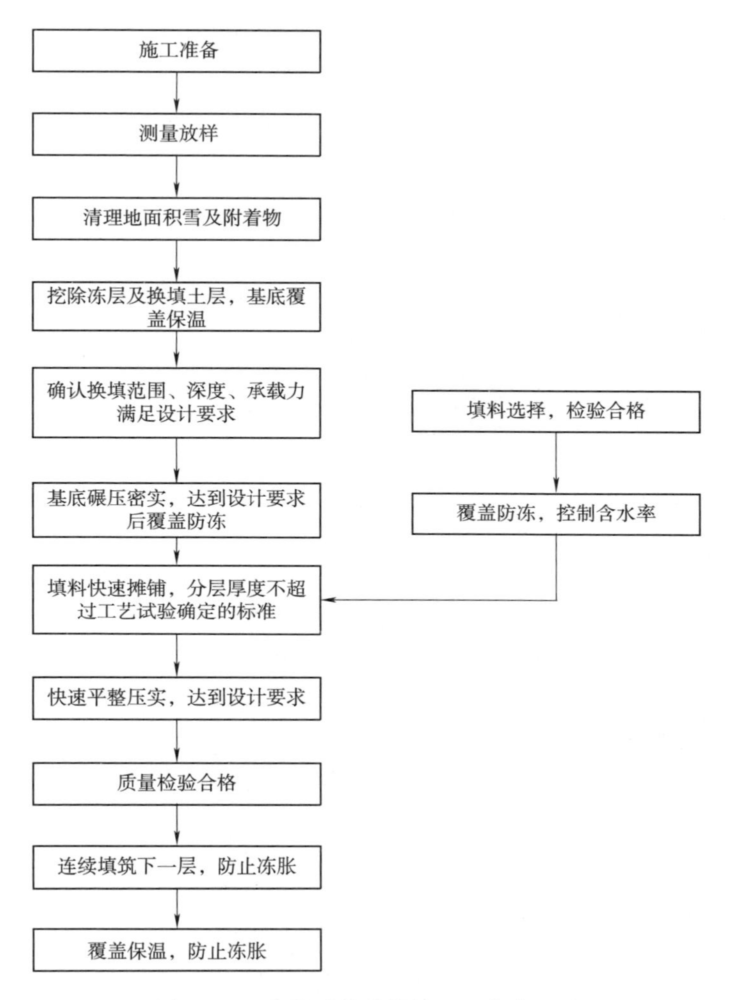

图 6. 2. 3　冬期路基换填施工工艺流程图

6. 2. 4　强夯

1　冬期强夯施工工艺流程如图 6. 2. 4 所示。

2　强夯施工周期较长，针对初冬、深冬和春融期，其工艺和参数有较大区别，因此针对不同时期要求分别进行工艺试验。强夯施工，必须按不同时期试验确定的参数进行。

3　回填材料宜采用砂石等粗粒材料，应采取一定覆盖保温措施防止冻结，防止冰雪混入。

4　当随取土随即回填时，应考虑挖方、填方平衡，并采取取土、运输、回填连续作业。气温低于 0 ℃时，运输车箱底宜垫防冻材料，上部覆盖保温被。

5　冬期施工，夯击坑内或夯过场地有积冰、积雪时，必须及时处理。

6　每夯击完一遍后，应及时测量场地平均下沉量，及时填平夯坑，用松土或其他材料覆盖，覆盖厚度由环境温度决定。下一遍施夯前应清除表层冻土。

7　下步工序施工前，采取彩条篷布 + 草帘覆盖措施进行保温。

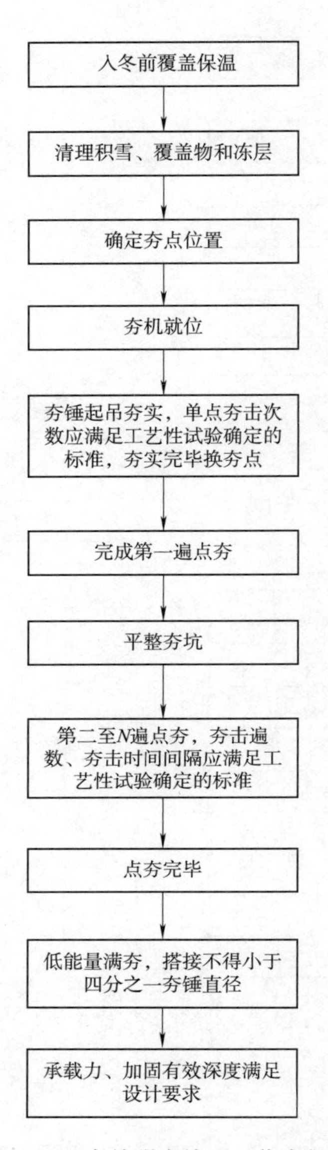

图 6.2.4　冬施强夯施工工艺流程图

8　冬期施工增加主要防寒工装为彩条篷布和草帘。

6.2.5　堆载预压

1　堆载预压前需要对地表冻土层进行挖除。

2　堆载范围为地基处理宽度加上 2 倍冻土层深度。

3　堆载预压填筑符合地基以下路基填筑冬期施工相关要求。

4　堆载预压填筑用材料可以选择 A、B、C 类土，不得含有冻块。

6.2.6　砂(碎石)垫层

1　冬期砂(碎石)垫层施工工艺流程如图 6.2.6—1 所示。

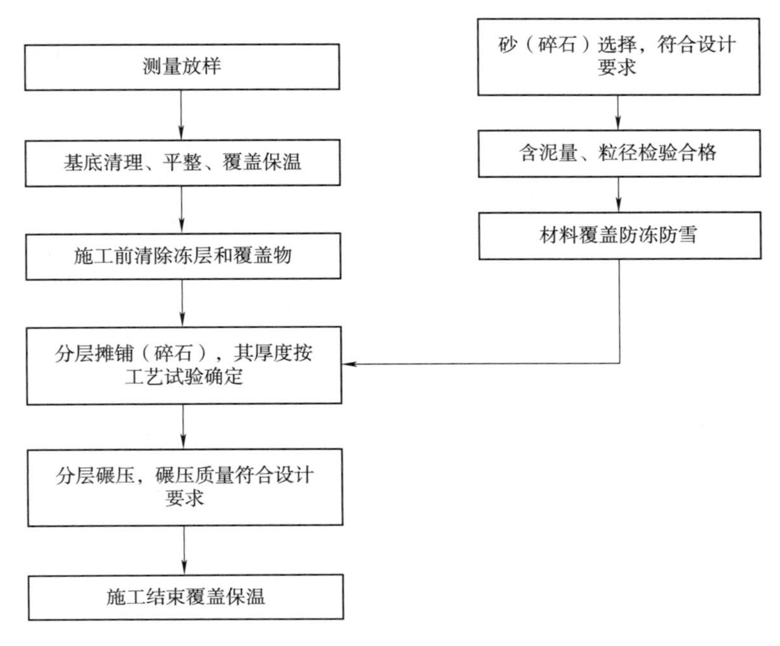

图 6.2.6—1 冬期砂(碎石)垫层施工工艺流程图

2 碎石垫层应采用级配良好的不易风化的砾石或碎石，最大粒径不大于 50 mm，细粒含量不大于 10%，且不得含有草根、垃圾以及冻块等。砂垫层采用中、粗砂或砂砾，不得含有草根、垃圾以及冻块，含泥量不应大于 5%。

3 垫层施工前，其下层基面冻层要进行清除，要保持未受冻状态。换填宽度按设计要求每侧适当增加，垫层碾压完成后，不能及时进行下步工序施工的，需要对垫层表面及两侧进行彩条篷布 + 草帘覆盖，防止其下部基层受冻。具体覆盖方式参看图 6.2.6—2。

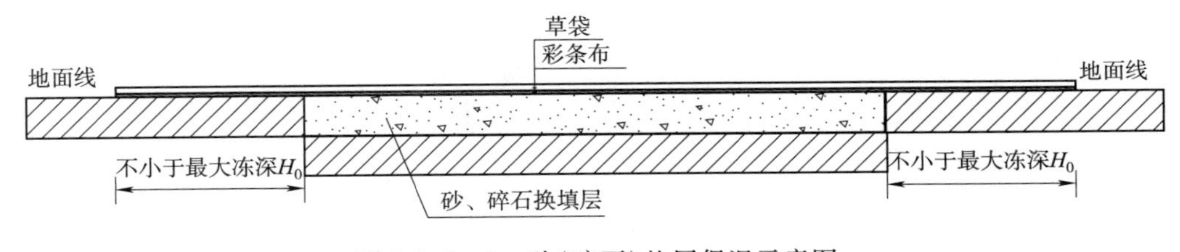

图 6.2.6—2 砂(碎石)垫层保温示意图

4 冬期施工增加主要防寒工装为彩条篷布和草帘。

6.2.7 砂(碎石)桩

1 冬期砂(碎石)桩施工工艺流程如图 6.2.7 所示。

2 施工前进行成桩工艺性试验，确定各项施工工艺参数后，检验桩身质量、桩间土加固效果和复合地基承载力。

3 施工使用的碎石必须进行检验，保证使用未风化的干净碎石或砾石，其粒径满足设计要求，最大粒径不得大于 50 mm，含泥量不大于 5%。材料进场后及时进行覆盖，防止雨雪混入形成冻块。

4 冬期施工可采用振动成桩法及锤击成桩法，不宜采用振冲碎石桩成桩法。

5 当冻土层厚度超过 50 cm 时，冻土层宜采用冲击钻引孔，引孔直径不宜大于桩径 20 mm。

6 冬期施工增加工装主要包括冲击钻机，对受冻桩位冲击引孔。

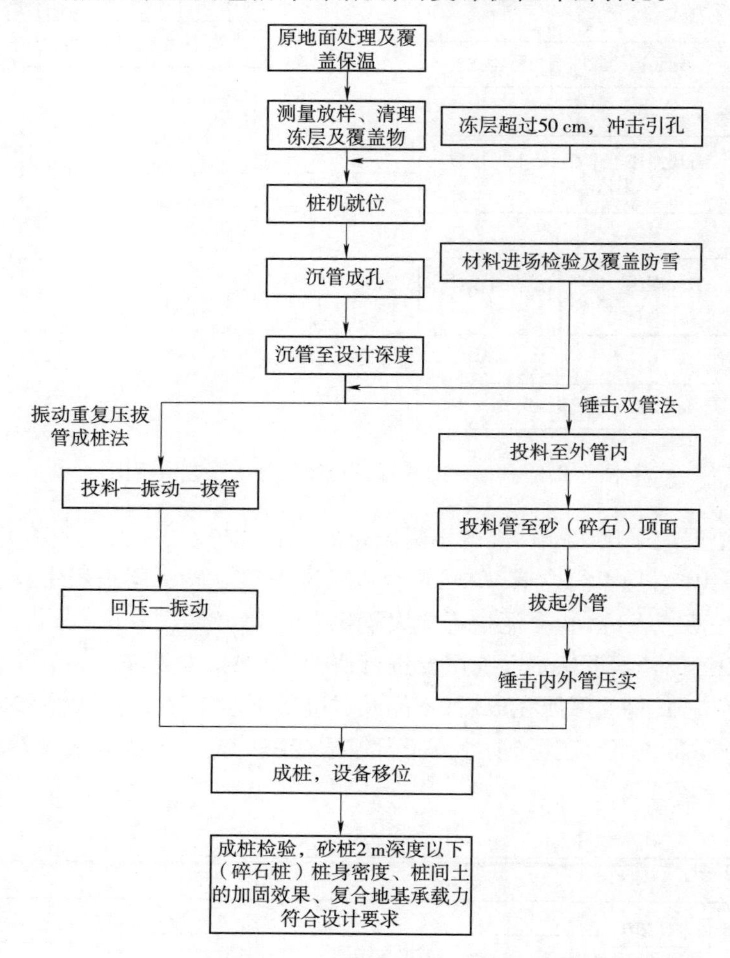

图 6.2.7 冬期砂（碎石）桩施工工艺流程图

6.2.8 水泥粉煤灰碎石（CFG）桩

1 冬期 CFG 桩施工工艺流程如图 6.2.8—1 所示。

2 冬期施工 CFG 桩应进行成桩工艺性试桩，不少于 3 根试验桩。待工艺试验桩满足设计要求后，进行正式施工。

3 CFG 桩冬期施工，利用钻出的土方对桩头混凝土进行保温。

4 CFG 桩机输送泵管道上缠绕岩棉保温，防止管道冻裂、混凝土受冻及堵塞管道。

5 混凝土施工应避开雨雪天气，宜安排在 10:00 ~ 16:00 之间进行。

6 灌注混凝土后，桩头及桩帽混凝土采用塑料薄膜覆盖，在桩及周围 1 m 范围内填

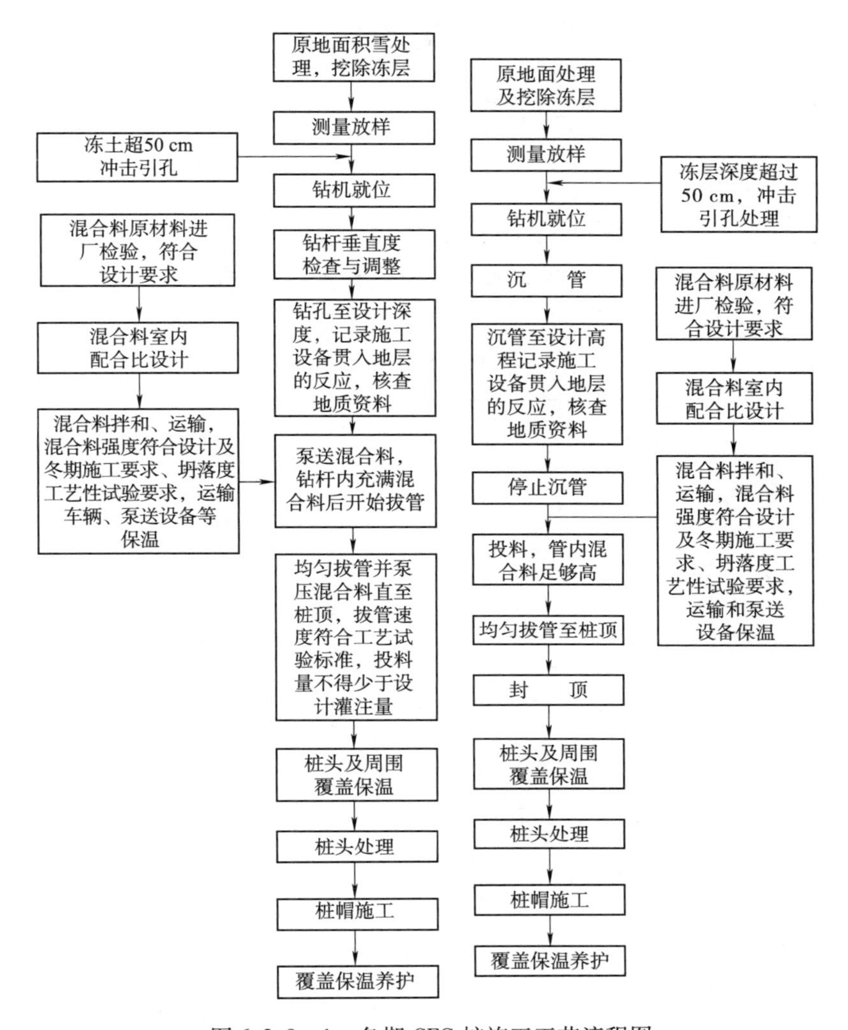

图 6.2.8—1　冬期 CFG 桩施工工艺流程图

筑不少于 50 cm 松土覆盖，上部采用草帘 + 彩条篷布的方式覆盖保温。具体保暖防护方式参照图 6.2.8—2。

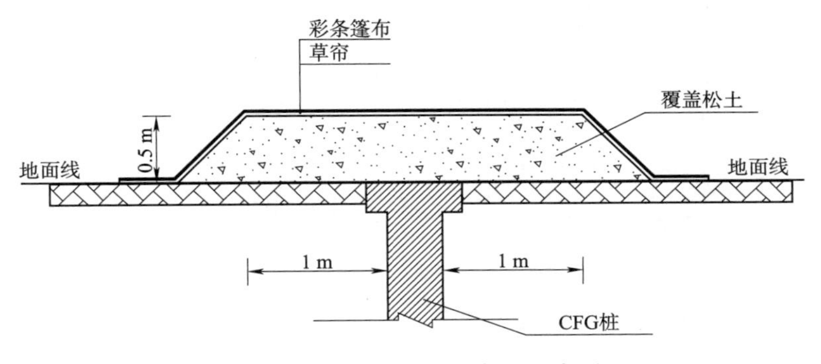

图 6.2.8—2　桩头覆盖保温示意图

7 当冻土层厚度超过 50 cm 时,冻土层宜采用冲击钻引孔,引孔直径不宜大于桩径 20 mm。

8 冬期施工增加主要防寒工装为塑料薄膜、草帘及彩条篷布,增加冬期施工设备为冲击钻,冻层引孔施工。

6.2.9 混凝土预制桩

1 冬期混凝土预制桩施工工艺流程如图 6.2.9 所示。

2 对桩基施工范围内积雪及杂物进行清理,根据设计提供的控制点放出桩位,采用草帘覆盖进行保温,减少地表土层冻层厚度。

3 冬期打桩应重锤轻击,冻土层超过 0.5 m 时,应先采用冲击钻去除冻土层。

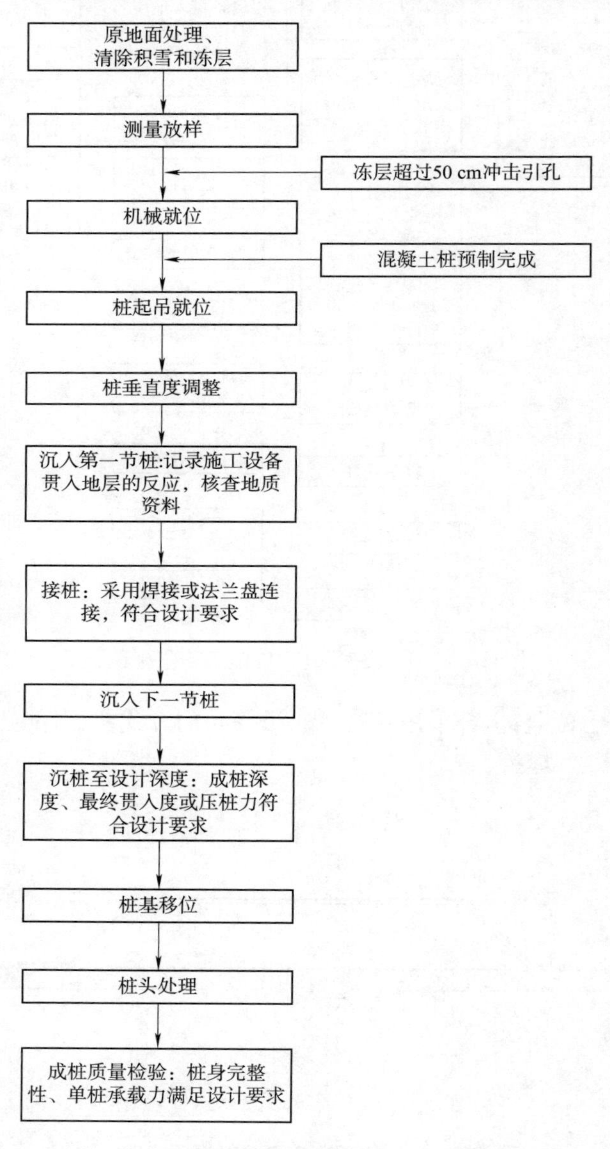

图 6.2.9　冬期混凝土预制桩施工工艺流程图

4 施工前，桩表面应保持干燥与清洁，不得有积雪结冰等。

5 起吊前，钢丝绳索与桩机的夹具应采取防滑措施。

6 接桩可采用焊接或机械连接，焊接和防腐要求应符合设计要求。

7 冬期施工增加主要防寒工装为草帘。冬期施工增加设备主要包括冲击钻机，主要用途对受冻桩位冲击引孔。

6. 2. 10 混凝土灌注桩

冬施混凝土灌注桩施工相关要求参照本手册“8. 2 混凝土灌注桩”相关规定执行。

6. 3 路基填筑

6. 3. 1 填筑准备

1 工艺试验：选择有代表性的路段并不少于100 m进行工艺试验，不同形式的过渡段分别试验。路基以下采用弱冻胀及不冻胀的A、B组填料（物理改良土达到A、B组填料标准）、基床底层采用不冻胀A组填料进行工艺试验，每层最大压实厚度控制在30 cm（基床以下）或26 cm（基床底层），最小填筑厚度均不少于10 cm。基床表层采用不掺水泥的级配碎石填筑，压实厚度控制在15～22 cm。过渡段若采用不掺水泥的级配碎石填筑，应采用小型振动压实设备压实，填料厚度每层不大于15 cm。压路机宜采用自带发热振动压路机，取得相关参数及碾压后温度参数。

2 冬期施工路基填料应满足设计和规范规定要求的冻胀不敏感或弱敏感材料。填料划分时应满足不同等级路基填料设计标准和验标规定。铁路路基填料冻胀性见表6. 3. 1—1。

表6. 3. 1—1 铁路路基填料冻胀性表

土的类别			冻胀敏感性评价
土名		细粒含量	
碎石类土	块石类土 碎石类土 砾石类土	≤5%	不敏感
		5%～15%	弱敏感
		>15%	敏感
粉类土	粗砂 中砂	≤5%	不敏感
		5%～15%	弱敏感
		>15%	敏感
	细砂	≤5%	不敏感
		5%～15%	弱敏感
	粉砂		敏感
细粒土	低液限粉土（$I_P \leq 10, w_L < 40\%$）		强敏感
	低液限粉质黏土、低液限黏土（$I_P > 10, w_L < 40\%$）		强敏感

注：本表仅适用于有砟轨道路基，无砟轨道路基应进行特殊设计。

3 路基土方大面积施工时,为减少下层基面受冻深度,通常利用自然条件就地取材进行土的防冻工作,采用松土覆盖或翻松耙平法施工,在拟施工的部位应将表层土翻松耙平,其厚度宜为25～30 cm,宽度为开挖时冻结深度的两倍加基槽(坑)底宽之和。翻松耙平后冻结深度按式(6.3.1—1)计算,翻松耙平保温如图6.3.1所示。

$$H = a(4P - P^2) \tag{6.3.1—1}$$

式中 H——翻松耙平或松土覆盖后的冻结深度(cm);

a——土的防冻计算系数,按照表6.3.1—2计取;

P——冻结指数, $P = \dfrac{\sum T}{1\ 000}$,

其中 T——土壤冻结期间每天实测平均负气温(℃)(以正数带入)。

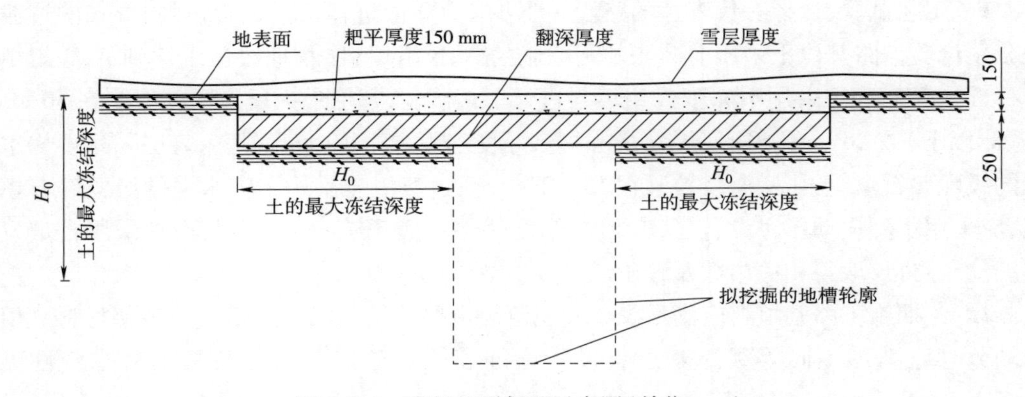

图6.3.1 翻松耙平保温示意图(单位:mm)

表6.3.1—2 土的防冻计算系数 a

土壤保温方法	冻结指数 P 值											
	0.1	0.2	0.3	0.4	0.5	0.6	0.7	0.8	0.9	1.0	1.5	2.0
翻松耙平25～30 cm	15	16	17	18	20	22	24	26	28	30	30	30
覆盖松土不少于50 cm	35	36	37	39	41	44	47	51	55	59	60	60

对于开挖面积较小的槽(坑)及基面,宜采用保温材料覆盖法。保温材料可用炉渣、锯末、刨花、稻草、草帘、膨胀珍珠岩等再加盖一层防寒塑料布。保温材料的铺设宽度为待挖基槽(坑)或基面宽度加两倍冻土深度。保温材料覆盖的厚度 h 可按式(6.3.1—2)计算。

$$h = H/\beta \tag{6.3.1—2}$$

式中 h——保温材料厚度(mm);

H——不保温时的土体冻结深度(mm);

β——各种材料对土体冻结影响系数,按表6.3.1—3选用。

表 6.3.1—3 各种材料对土体冻结影响系数 β

土壤种类	保温材料											
	树叶	刨花	锯末	干炉渣	茅草	膨胀珍珠岩	炉渣	芦苇	草帘	泥炭土	松散土	密实土
砂土	3.3	3.2	2.8	2.0	2.5	3.8	1.6	2.1	2.5	2.8	1.4	1.12
粉土	3.1	3.1	2.7	1.9	2.4	3.6	1.6	2.04	2.4	2.9	1.3	1.08
粉质黏土	2.7	2.6	2.3	1.6	2.0	3.5	1.3	1.7	2.0	2.31	1.2	1.06
黏土	2.1	2.1	1.9	1.3	1.6	3.5	1.1	1.4	1.6	1.9	1.2	1.00

注:1 表中数值适用于地下水位在冻结线 1 m 以下;
2 当地下水位较高时(饱和水的),其值可取 1;
3 松散材料表面应加以盖压,以免被风吹走。

4 各项作业施工前需要对冻层进行清理,先按式(6.2.1)估算冻层厚度,可以采用机械施工方式清除冻层。设备可参考表 6.3.1—4 选择。

表 6.3.1—4 冻土挖掘设备选择

冻土厚度(cm)	选择设备
<50	推土机、挖掘机
50~100	大马力推土机、松土机、挖掘机
100~150	重锤或重球

注:参照《建筑工程冬期施工规程》JGJ/T 104—2011 表 3.2.1。

对于冻土层较厚,开挖面积较大的路基土石方工程,可以采用爆破方式开挖冻层。冻土层较厚时,开挖的土层不能用于路基填料。

5 主要设备材料需求见表 6.3.1—5。

表 6.3.1—5 主要设备材料需求表

序号	材料名称	材料规格	需用数量	备注
1	聚乙烯彩条篷布	双面覆膜 100 g/m^2 以上	覆盖表面积×1.2	厚度 0.15 mm 以上,宽度 12 m
2	聚乙烯彩条篷布	80 g/m^2	覆盖表面积×1.2	临时材料覆盖
3	阻燃棉被	防火等级 A 级,导热系数低于 0.04	覆盖表面积×1.3	外部采用三防布,内部为岩棉或玻璃棉
4	防寒塑料	厚度 10 s 以上	覆盖表面积×1.1	0.1 mm 以上
5	塑料薄膜	厚度 5 s 以上	覆盖表面积×1.1	用于混凝土表面覆盖
6	草帘	厚度 2 cm 以上,导热系数低于 0.06	覆盖表面积×1.1	压实厚度
7	电热毯	220 V,恒温 55 ℃	覆盖保温面积	根据覆盖面积可选择 1 m×5 m 或者 1 m×10 m
8	防寒棉被	表面防水	覆盖保温面积	材料运输覆盖使用
9	方木	100 mm×100 mm;800 mm×100 mm	根据压盖面积,每 2 m 一道	压盖用

续表 6.3.1—5

序号	材料名称	材料规格	需用数量	备　注
10	ϕ65 钢管	6 m	102 根	用于水泥级配碎石保温棚（区段长度 100 m）
11	ϕ65 钢管	5 m	238 根	
12	ϕ65 钢管	1.2 m	102 根	
13	热风机	柴油 30 kW	4 台	

6.3.2　基床以下路基填筑

1　冬期基床以下路基填筑工艺流程如图 6.3.2—1 所示。

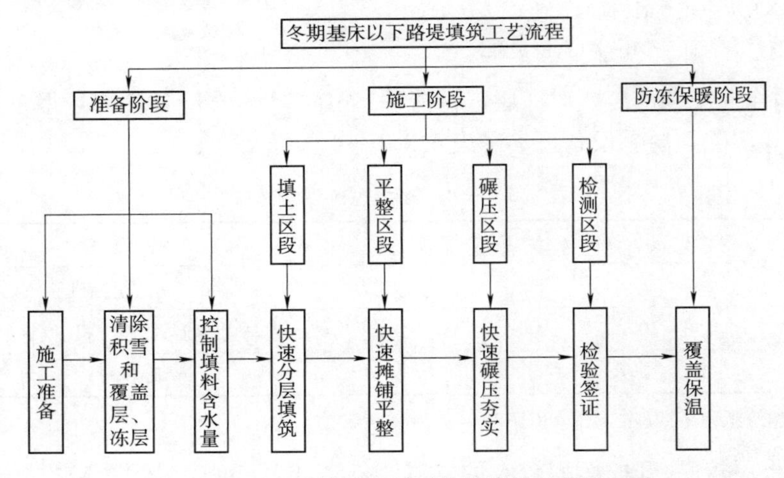

图 6.3.2—1　冬期基床以下路堤填筑工艺流程图

2　冬期施工路堤填料应选用未冻结的砂类土、碎石、卵石土、石渣等透水性好的材料，不得用含水率大的黏质土。

3　施工中遇大雪或其他原因中途临时停止填筑时，应整平填层和近坡并进行彩条篷布 + 草帘覆盖防冻，恢复施工时应将表层冰雪清除，并补充压实。冬休停工，在已填路基表面采取覆盖50 cm 厚松土的方式，有条件可以在上部覆盖草帘 + 彩条篷布，减少已填路基冻层深度。可参照图 6.3.2—2、图 6.3.2—3 覆盖保温防护。

4　气温转暖后应对路基进行补充压实，压实标准应符和验收标准要求。

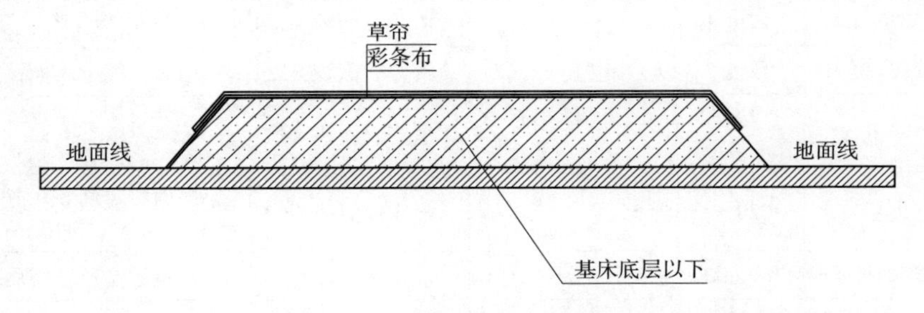

图 6.3.2—2　冬期路堤临时停工覆盖防冻示意图

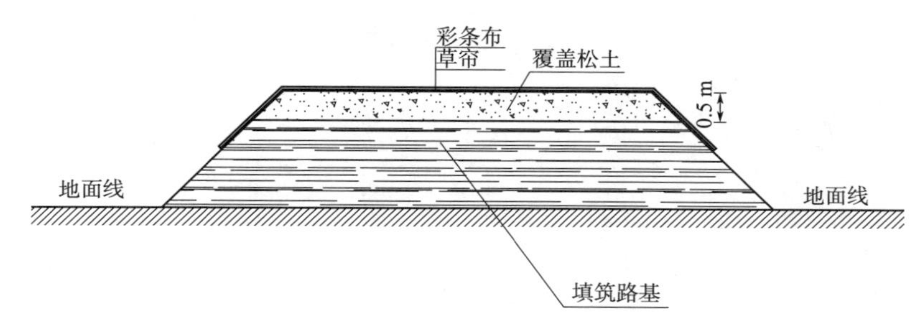

图 6.3.2—3 路基填筑越冬覆盖防冻示意图

5 大面积填方时，要严格对每段路基土方进行分段平行流水作业施工，填筑前对于有冻结部位必须挖除后重新填筑。每次填筑的施工区段长度控制在 200 m 以内。

6 冬期施工机械设备适应冬期施工特点，并增加推平和碾压设备，做到紧跟慢压，确保路基填料在不受冻的情况下完成路基填筑。

7 按设计要求埋设沉降观测设备。路基填筑过程中，应注意保护沉降观测设备，不得损坏。通过沉降观测数据分析沉降速率及累计沉降值，沉降速率在允许范围内，可进行下一道工序施工。

8 冬期路基填筑高度不宜超过表 6.3.2 要求，路基填料采用石块和不含冻块砂土（不包括粉砂）、碎石土类填筑时，填方的高度可不受本表限制。

表 6.3.2 冬期填方不宜超过的高度表

室外平均气温（℃）	填方高度（m）
-5 ~ -10	4.5
-11 ~ -15	3.5
-16 ~ -20	2.5

6.3.3 基床底层填筑

1 冬期基床底层填筑宜选择砾石类和砂类土中的 A 类土，且冻胀性为不敏感材料进行填筑。要求细粒含量小于 5%，渗透系数大于 5×10^{-5}m/s。

2 填筑段长度控制在 200 m 以内，每填筑碾压完成一层后，及时采用彩条篷布 + 草帘覆盖，防止雨雪混入。

3 当填料含水量大于 12% 时，需要对填料采取除水措施后进行填筑。

4 增加摊铺碾压设备，尽快完成基床碾压。每层施工结束后或者当日暂停施工，需要对路基本体进行覆盖。

5 路基边坡修整必须在解冻后进行。

6 施工结束后，下步工序施工前，对已完基面采取彩条篷布 + 草帘覆盖方式进行防冻处理。复工后需要对基床底层表面进行复压，重新检测合格后进行后续施工。

7 冬期施工增加主要防寒工装为彩条篷布、草帘。

6.3.4 基床表层填筑

1 冬期基床表层路基填筑流程如图 6.3.4—1 所示。

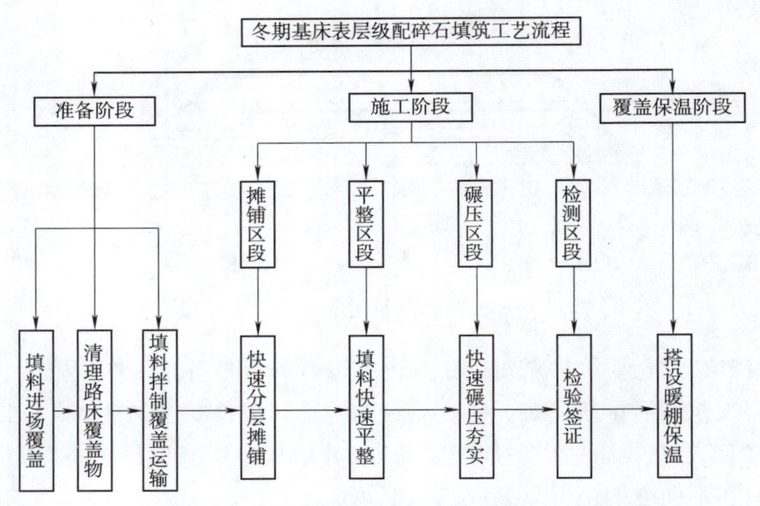

图 6.3.4—1　冬期基床表层级配碎石填筑工艺流程图

2　填筑材料选择：客货共线铁路及城际铁路路基基床表层选择Ⅰ型级配碎石，高速铁路路基基床表层选择Ⅱ型级配碎石。级配碎石中不得含有冰块、雪块。

3　增加摊铺碾压设备，尽快完成基床碾压。每层施工结束后或者当日暂停施工，需要对路基基床本体进行临时覆盖。覆盖方式采用彩条篷布 + 草帘方式覆盖，覆盖范围包括基床上部及基床边坡下 1 m，防止雨雪进入。待下步工序施工前撤除覆盖物。

4　路基边坡修整必须在解冻后进行。

5　掺入水泥的级配碎石基床填筑不应冬期施工。

6　每层碾压完成后，立即对基床采用暖棚保温。暖棚采用 ϕ65 mm 钢管搭设，按照路基横断面宽度分左、右两个单元，每单元横向宽 5.0 m，纵向长 5.8 m，截面为三角形，中间高 1.2 m。两单元组立后采用铁线连接形成整体。路基较宽可在两单元节之间增加矩形框架单元节。暖棚单元骨架提前拼装好放于路基边坡处，新填筑级配碎石检测合格后迅速将暖棚单元骨架移动至新填筑部位，并快速固定覆盖。保温暖棚外部覆盖阻燃棉被 + 彩条篷布，暖棚内每隔 25 m 在中间位置设 1 台柴油热风机对基床水泥级配碎石加热养护。具体可参照图 6.3.4—2 进行搭设。

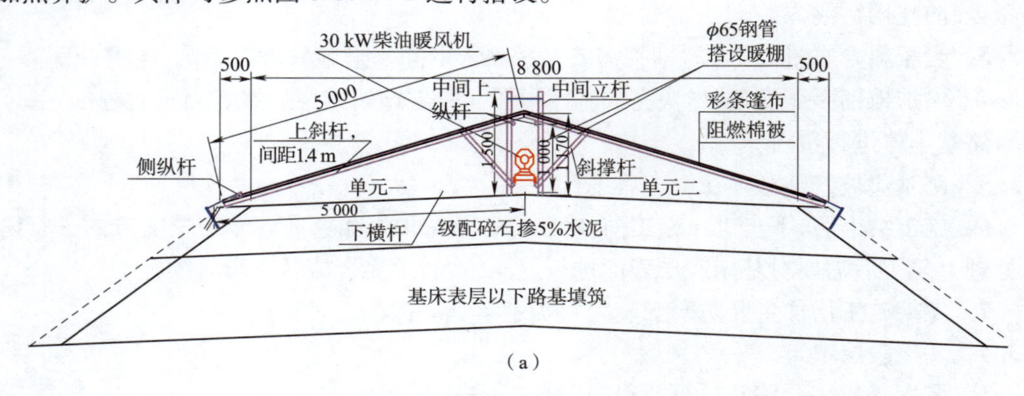

(a)

图　6.3.4—2

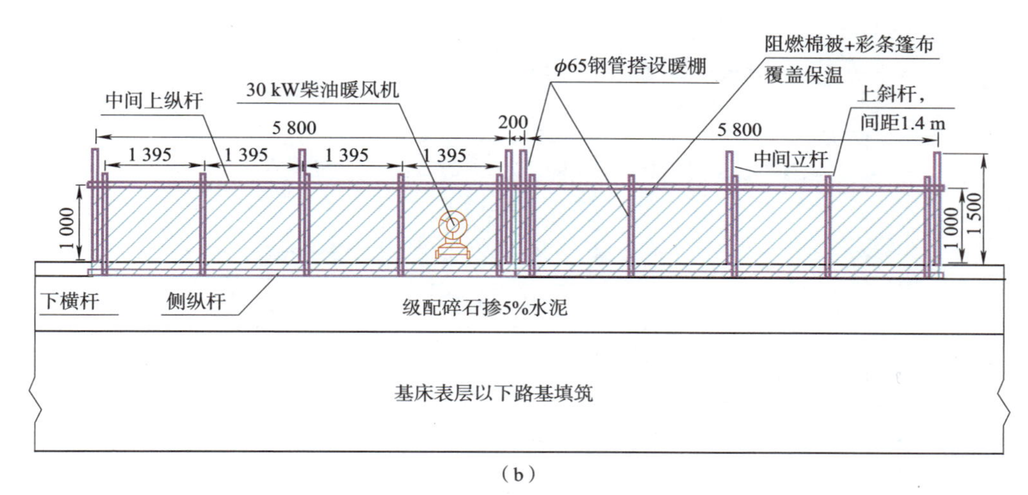

(b)

图 6.3.4—2 基床顶层不掺水泥级配碎石暖棚养护示意图(单位:mm)

7 水泥级配碎石填筑时增加冬期施工设备为自发热压路机,碾压时钢轮温度控制在 20 ℃ ~40 ℃。养护暖棚采用 ϕ65 mm 钢管搭设,覆盖材料为阻燃棉被、彩条篷布,棚内采用热风机进行供暖,按照区段长度 100 m 考虑,设 4 台 30 kW 热风机。

6.3.5 过渡段填筑

1 冬期过渡段填筑施工工艺流程如图 6.3.5—1 所示。

2 针对路桥过渡段进行编制,路堤和横向结构物过渡段参照执行。

3 桥台下部采用混凝土浇筑,按照本手册混凝土冬期施工相关规定执行。混凝土浇筑完成后,采用覆盖塑料薄膜 + 阻燃棉被 + 电热毯 + 阻燃棉被的方式对混凝土进行保温养护。

4 过渡段填筑材料冬期施工若采用不掺水泥级配碎石,填筑材料要求符合本手册第 6.3.4 条要求。台背及两侧锥体填筑材料均采用该种材料填筑并应同步填筑。不能同步填筑时应在填筑交界设置台阶,台阶坡度 1:2。锥体坡面在气温转暖后修整,然后进行坡面砌筑或混凝土浇筑。

5 级配碎石运输车辆接触面铺设保温材料,上部覆盖保温棉被,减少热量损失。

6 过渡段填筑级配碎石厚度使用重型压实机械时每层厚度不大于 22 cm,台背及周边 2 m 范围内采用小型压实机械碾压时,每层厚度不大于 15 cm。

7 每层施工完成后,需要立即进行覆盖保温养护,覆盖保温养护方式如图 6.3.5—2 所示。同时根据具体地形参照图 6.3.5—2 搭设养护暖棚进行养护。

8 冬期施工增加主要防寒工装为彩条篷布、阻燃棉被、电热毯、防寒塑料。掺入水泥级配碎石填筑时增加冬期施工设备为自发热压路机,碾压时钢轮温度控制在 20 ℃ ~40 ℃。养护暖棚采用钢管搭设,覆盖材料为阻燃棉被、彩条篷布,棚内采用热风机进行供暖。

6.3.6 改良土填筑

1 物理改良土应确保没有冻块,其填筑符合基床以下路基填筑要求。

2 化学改良土受拌和条件限制,不应在冬期施工。

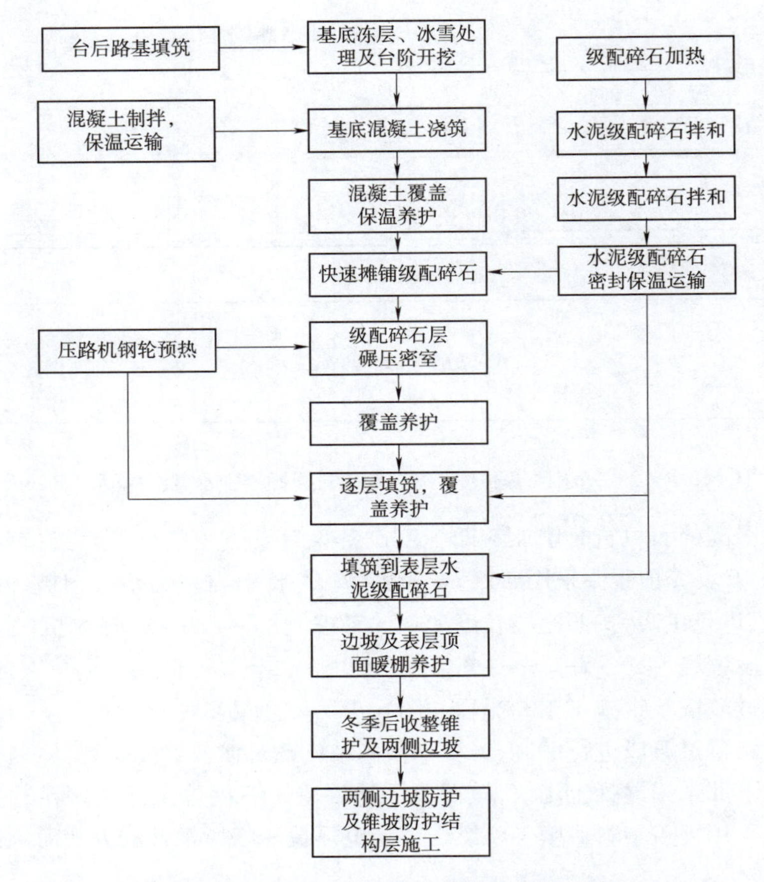

图 6.3.5—1　冬期过渡段填筑工艺流程图

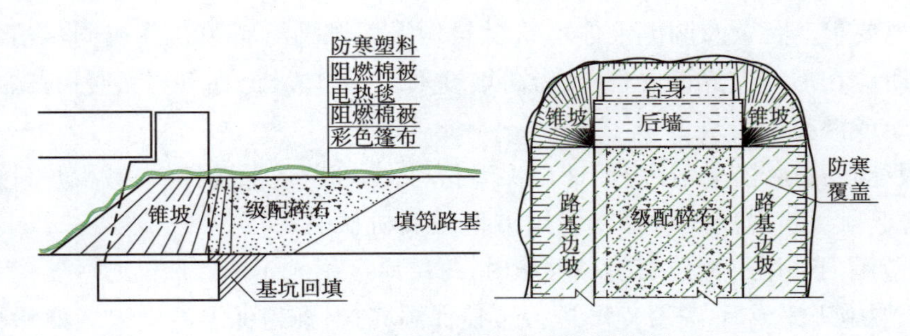

图 6.3.5—2　过渡段防寒覆盖示意图

6.4　支挡防护结构

6.4.1　施工准备

1　施工前需要对冻土层进行凿除，施工过程中要对混凝土浇筑采取可靠的保温措施。高出地面 5 m 以上的结构不宜在冬期施工。

2　主要设备材料需求见表 6.4.1。

表 6.4.1 主要设备材料需求表

序号	材料名称	材料规格	需用数量	备注
1	聚乙烯彩条篷布	双面覆膜 100 g/m² 以上	覆盖表面积 ×1.2	厚度 0.15 mm 以上，宽度 6 m 及以上
2	阻燃棉被	防火等级 A 级，导热系数低于 0.04	覆盖表面积 ×1.3	外部采用三防布，内部为岩棉或玻璃棉
3	塑料薄膜	厚度 5 s 以上	覆盖表面积 ×1.1	0.05 mm 以上
4	电热毯	220 V，恒温 55 ℃	覆盖保温面积	根据覆盖面积可选择 1 m × 5 m 或者 1 m × 10 m
5	岩　棉	厚度 1 cm 以上	根据包裹设备及管道面积计算 ×1.3	包裹设备及管道使用
6	方　木	100 mm × 100 mm 80 mm × 80 mm	根据压盖面积，每 2 m 一道	压盖用

6.4.2 重力式挡土墙

1 冬期重力式挡土墙施工工艺流程如图 6.4.2 所示。

2 冬期施工重力式混凝土挡土墙不宜高于 5 m，采用综合蓄热法与电加热相结合

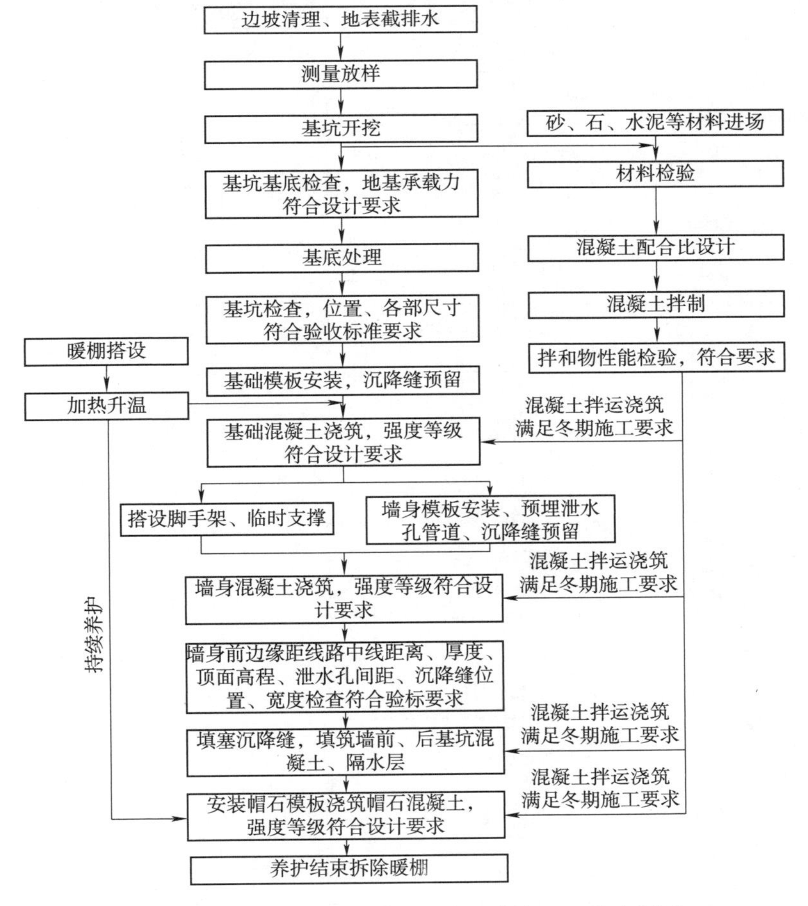

图 6.4.2 冬期重力式混凝土挡土墙施工工艺流程图

方法和暖棚法保温。

3 采用综合蓄热和电加热相结合方法,要求混凝土重力式挡土墙一次性浇筑完成,在模板外侧覆盖一层阻燃棉被 + 电热毯 + 阻燃棉被 + 防寒塑料。

4 暖棚法施工参照本手册第 8.3.4 条墩台混凝土冬期施工相关要求。路堑挡土墙搭设暖棚架体,一侧可以利用路堑边坡支立架杆,减少暖棚搭设工作量。

5 冬期施工增加主要防寒工装为阻燃棉被、电热毯、防寒塑料。暖棚法施工增加架立钢管,彩条篷布及热风机、热风幕或锅炉蒸汽养护。热风机、热风幕或锅炉根据暖棚支立体积及热损计算确定数量和型号,同时为保证电力供应不间断,需要 1 台 100 kW 发电机备用。

6.4.3 悬臂式和扶壁式挡土墙

1 冬期悬臂式和扶壁式挡土墙施工工艺流程如图 6.4.3 所示。

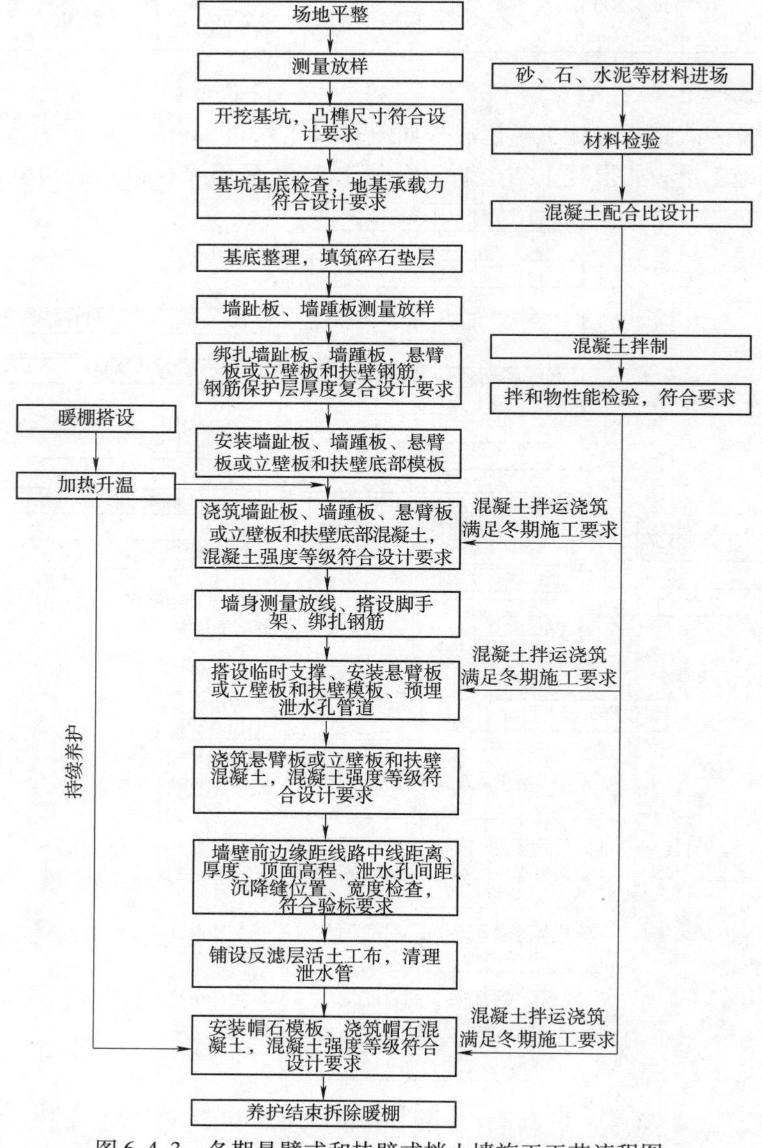

图 6.4.3 冬期悬臂式和扶壁式挡土墙施工工艺流程图

2 悬臂式和扶壁式挡土墙冬期施工宜采用暖棚法进行养护。施工参照第 8.3.4 条墩台混凝土暖棚法进行架立和养护。

3 冬期施工增加工装:采用暖棚法施工增加架立钢管,彩条篷布及热风机、热风幕或锅炉蒸汽养护。热风机、热风幕或锅炉根据暖棚支立体积及热损计算确定数量和型号,同时为保证电力供应不间断,需要 1 台 100 kW 发电机备用。

6.4.4 抗滑桩

1 冬期抗滑桩施工工艺流程图如图 6.4.4—1 所示。

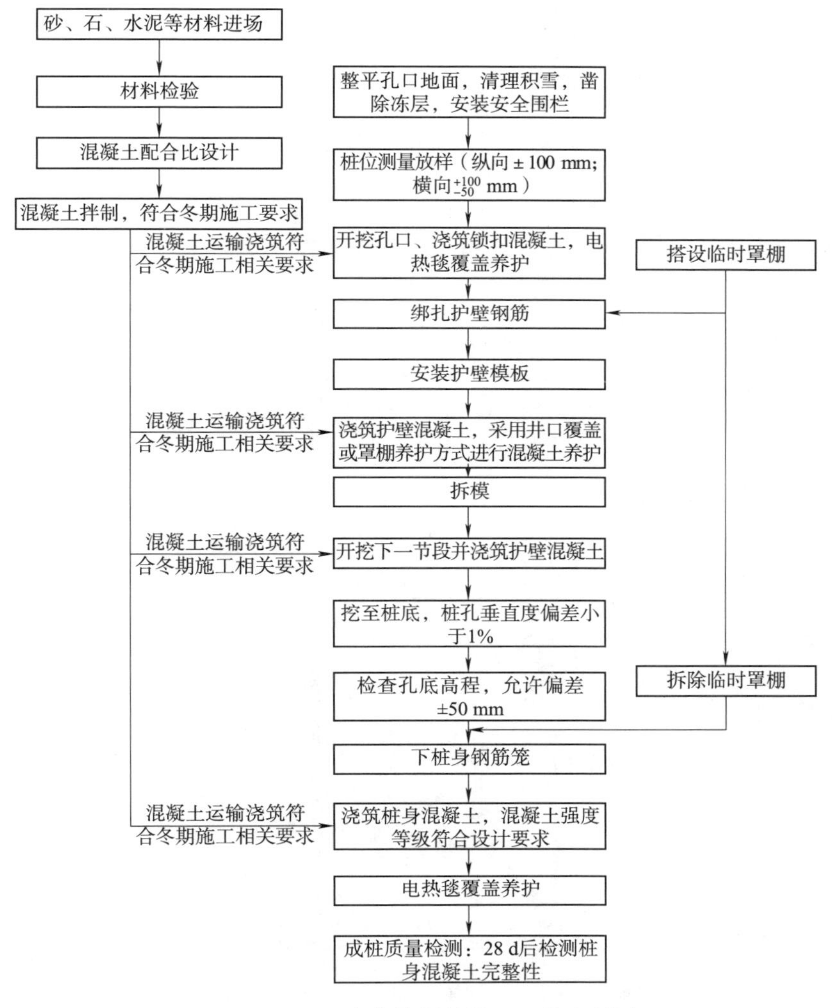

图 6.4.4—1 冬期抗滑桩施工工艺流程图

2 抗滑桩锁口保温施工采用防寒塑料 + 阻燃棉被 + 电热毯 + 阻燃棉被 + 防寒塑料覆盖养护,井口首段护壁混凝土采用井口覆盖防寒塑料 + 保温棉被的措施,并且采用罩棚方式进行保温,其他段护壁混凝土采用罩棚防寒自然养护。抗滑桩混凝土浇筑完成后,采用上部覆盖防寒塑料 + 阻燃棉被 + 电热毯 + 阻燃棉被 + 防寒塑料的方式进行养护。

3 在井口上竖立井架式三脚架或摇头扒杆出渣、进料，起吊高度应高出井口 3 m 以上，锁口混凝土浇筑完成后，采用保温材料覆盖并搭设临时罩棚防雪保温，临时罩棚可利用出渣井架搭设。临时罩棚在出土侧设宽度不小于 1 m 的对开门两个，对开门不能设在风口侧，浇筑混凝土后关闭对开门，覆盖彩条篷布，下部压紧防止进风影响混凝土养护效果。罩棚图参照图 6.4.4—2 设置。

4 罩棚内侧设栏杆及供起吊人员装卸料用的脚踏板和井口开关门。浇筑完混凝土护壁后，井口开关门关闭，覆盖保温被。

5 护壁混凝土试块随工现场制作，同条件养护，待强度满足要求后，进行下层桩土石开挖。

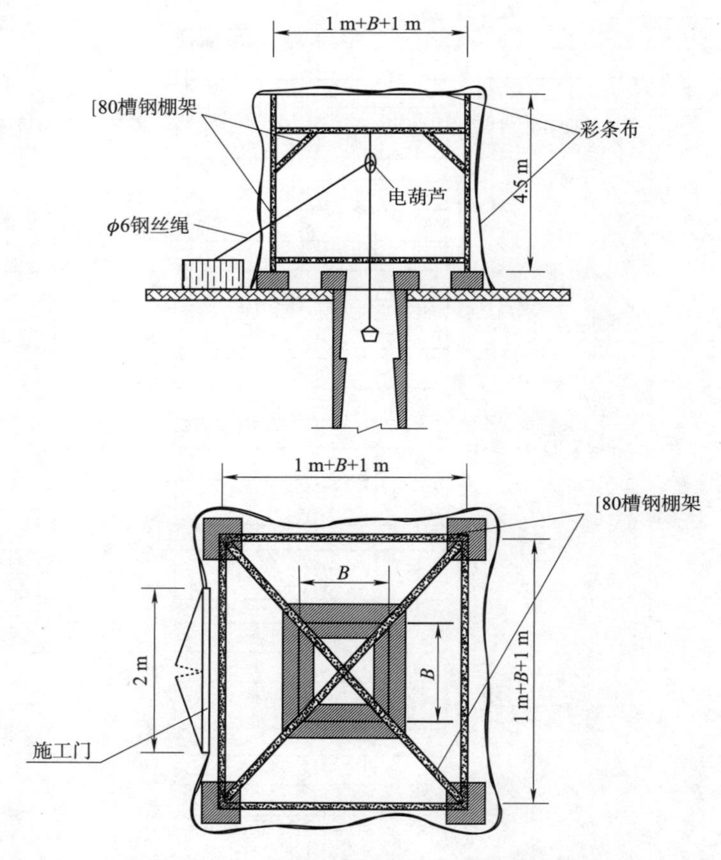

图 6.4.4—2　冬期抗滑桩施工防寒罩棚示意图

6 冬期施工增加主要防寒工装为阻燃棉被、电热毯、防寒塑料。罩棚安设需要增加彩条篷布及架立钢管、槽钢等物资。

6.4.5 桩板式挡土墙

1 冬期桩板式挡土墙施工工艺流程如图 6.4.5 所示。

2 冬期施工考虑路堑桩板式挡土墙。路堤式桩板墙受浇筑高度及外露面积影响，

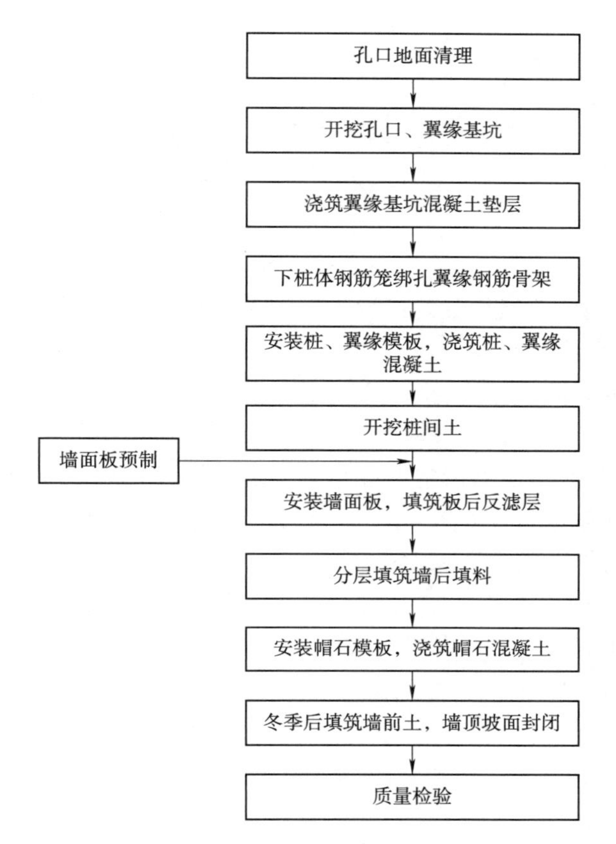

图 6.4.5　冬期桩板式挡土墙施工工艺流程图

不宜安排冬期施工。

3　冬期挖桩施工按照本手册第 6.4.4 条抗滑桩冬期施工相关要求办理。

4　根据不同土质,井口挖至 2 ~ 3 m 深时,即可立模浇筑壁厚 0.2 ~ 0.3 m 第一节钢筋混凝土护壁。浇筑完成后对井口进行覆盖,保持孔内温度,便于护壁强度增长。

5　桩身混凝土的强度达到 80% 后方可开挖桩前岩石,进行挡土板施工。每次开挖深度少于 2 m,边开挖边进行挂板。

6　挡土板在场内按照常温情况预制,强度达到设计强度 100% 后运至现场安装。在运输过程中应采取有效措施防止面板破损,面板在运输和堆放时要竖立不可平放堆叠。

7　墙后填筑反滤层应在桩身强度达到设计强度 100% 后方可施作。填料不得混有冻块或雪块,压实度满足设计要求。

8　桩身混凝土灌注完成后,桩头部分采用表面覆盖防寒塑料 + 阻燃棉被 + 电热毯 + 阻燃棉被 + 防寒塑料的方式养护,确保桩头混凝土质量。

9　冬期施工增加主要防寒工装为阻燃棉被、电热毯、防寒塑料。挖桩罩棚安设需要增加彩条篷布及架立钢管、槽钢等物资。

7 隧道工程

7.1 一般规定

7.1.1 寒冷、严寒地区隧道设置的保温水沟、隧底深埋排水沟、防寒泄水洞和保温出水口等防寒措施应符合设计要求。

7.1.2 冬期施工应采取相应的混凝土质量保障措施。

7.1.3 洞口工程施工宜避开严寒季节。

7.1.4 防水板铺设前,应进行隧道断面检测,并对隧道初期支护砼表面漏水、滴水等进行处理,确保满足规范及设计要求。防水板铺设后,应进行质量检测,确保防水板与初期支护混凝土表面密贴,不得有空隙、不得有积水。

7.1.5 洞内混凝土(喷射混凝土、二衬混凝土)施工时,作业面环境温度应保持在5 ℃以上。

7.1.6 瓦斯隧道不宜开展洞口保温棚式冬期施工。

7.1.7 对洞内有害气体进行监测,防止发生人身伤害。

7.2 洞内施工

7.2.1 施工准备

1 应提前按冬期施工材料计划对钢架、型钢等进行储备加工,确需现场加工的,应选择在洞内或具备遮蔽措施的加工棚内,加工要求见本手册第5.3.2条、第5.3.3条。

2 衬砌台车长度设计应考虑冬期施工进度要求。

3 隧道施工具有特殊性,对洞口进行封闭后可形成天然暖棚,根据隧道已开挖进尺及当地自然条件,合理增加保温措施。

4 采用电热设施的要进行临时用电计算,变压器、线路负荷须能够满足要求。布设应该合理,不能妨碍现场施工,应减少挪动次数。

5 隧道内距洞口10 m及工作面附近悬挂温度计,实时监测温度情况,及时调整保温措施。

7.2.2 洞口保温

1 进洞施工50 m以内的,应采取以下保温措施:

1) 自洞口处向外侧延伸20 m搭设保温棚,于洞口、保温棚端头处设两道保温门防止隧道内混凝土受冻。两门间设热风幕增加保温效果。

2) 保温棚尺寸应较洞门各边尺寸宽出1 m。其骨架由3榀钢架组成,钢架立柱为18a工字钢,底部设C20混凝土基础,顶部一般由∠75×5 mm角钢制作桁架横梁,铺40 mm×80 mm×2 mm檩条,采用阻燃棉被+篷布自上而下包裹。保温棚设置如图7.2.2—1所示。

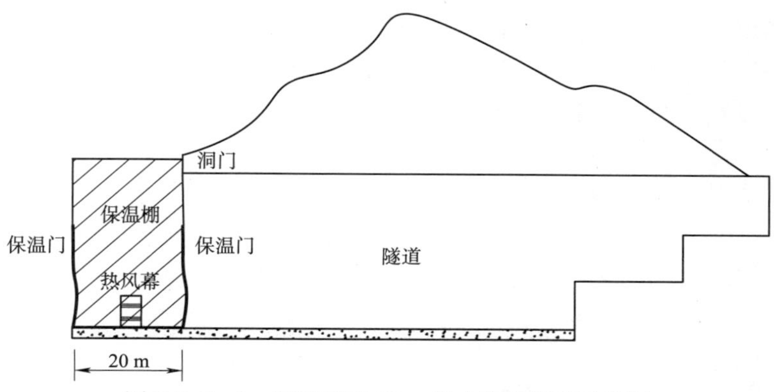

图 7.2.2—1 进洞施工 50 m 以内隧道保温示意图

3）利用阻燃棉被＋篷布形成保温门，焊接 1 m×1 m 钢筋网格进行固定。保温门内设 5 m×5 m 电动棉帘供车辆出入。保温门设置如图 7.2.2—2 所示，隧道冬期施工洞门保温主要设备材料需求见表 7.2.2。

表 7.2.2 隧道冬期施工洞门保温主要设备材料需求表

序号	设备/材料名称	单位	规格型号	主要性能	数量	备注
1	电热风幕	台	380 V-15 kW	单台：15 kW，送风量 2 300 m^3/h	1	
2	阻燃棉被	m^2	3 cm 厚	外部采用三防布，内部为岩棉或玻璃棉，导热系数低于 0.04	65	一道保温门数量

注：表中数量为施工经验值，具体应根据现场情况计算确定。材料、设备选型见本手册附录 D。

4）瓦斯隧道在洞口保温门设置单向排风管，洞内适量增加增温设备，必须具备防爆功能。

2 进洞 50 m 施工以上的，应采取以下保温措施：

1）在隧道洞口处设置保温门，搭设方法如图 7.2.2—2 所示。

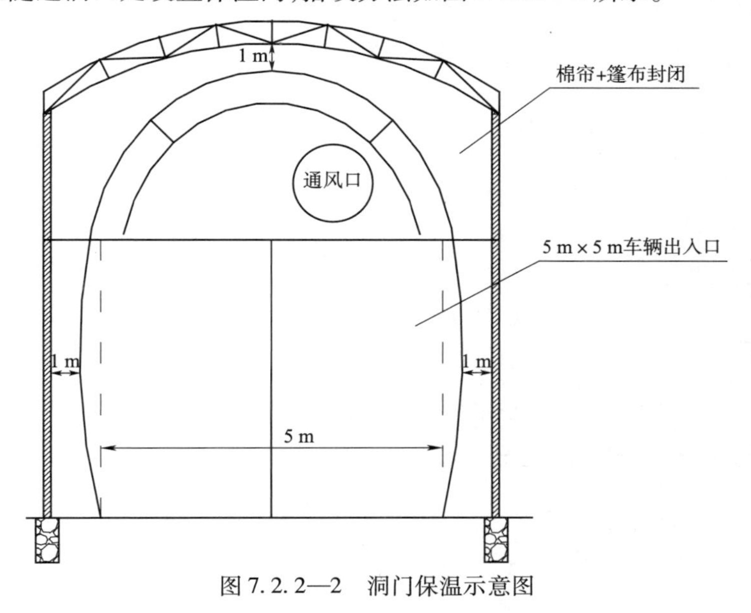

图 7.2.2—2 洞门保温示意图

2）隧道出入车辆较多或不能保证隧道内温度要求时，可增设第二道保温门，与第一道门间隔 20～30 m，满足通车要求。两门间设热风幕增加保温效果。保温门设置如图 7. 2. 2—3 所示。

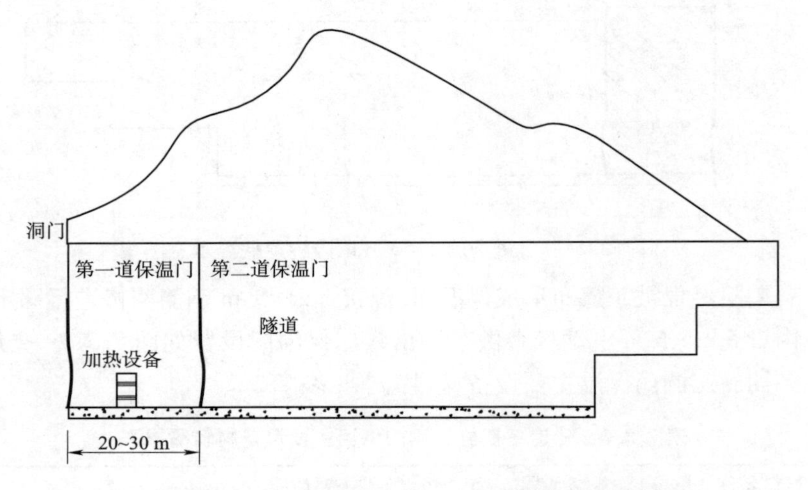

图 7. 2. 2—3　进洞施工 50 m 以上隧道保温示意图

7. 2. 3　洞内混凝土施工

1　洞内施工需做好温度监测，可采用热风幕对作业环境进行加热升温，作业面环境温度不低于 5 ℃。

2　二衬混凝土施工时，在衬砌台车前后各设置一台热风幕进行加热，布置方法如图 7. 2. 3 所示。瓦斯隧道须配置防爆风机，避免瓦斯聚集。浇筑完毕后应持续加热，避免因低温造成强度增长缓慢，影响施工进度。仰拱混凝土施工完毕后，覆盖塑料薄膜进行养护。冬期施工洞内保温加热主要设备材料需求见表 7. 2. 3。

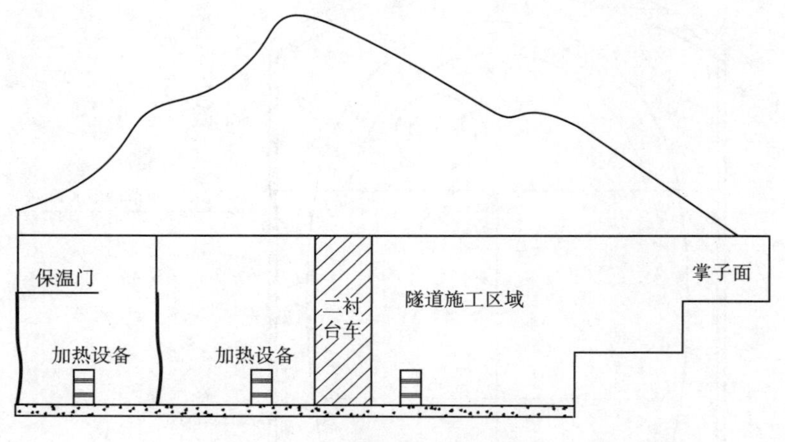

图 7. 2. 3　混凝土施工保温示意图

表 7.2.3 隧道冬期施工洞内保温加热主要设备需求表

设备名称	单位	规格型号	主要性能	数量	备注
电热风幕	台	380 V-15 kW	单台:15 kW,送风量 2 300 m^3/h	2	

3 衬砌浇筑后应根据环境条件进行养护,养护时间应满足强度要求。气温低于 5 ℃时不得洒水养护。

4 二次衬砌拆模应符合下列要求:

1) 衬砌在初期支护变形稳定后施工的,拆模时的混凝土强度应达到 8 MPa;特殊情况下,衬砌在初期支护变形稳定前施工的,拆模时的混凝土强度应达到设计的 100% ;

2) 二次衬砌拆模时混凝土内部与表层、表层与环境之间的温差不大于 20 ℃,结构内外侧表面温差不得大于15 ℃;混凝土内部开始降温前不得拆模。

5 设专人监测混凝土及环境温度,各测点温度不得低于5 ℃。施工环境温度应每昼夜定时、定点观测不少于 4 次。

6 养护期间应监测加热环境的湿度,应及时采取增湿措施。

7 加热设备 5 m 范围内设置消防设施,防水板、土工布挂设区域不得有明火。

7.3 洞外施工

7.3.1 洞外供水管路宜埋置于地下,埋深不超过冻土深度的管路应用岩棉材料包裹保温。

7.3.2 配备人员对洞口外作业区排水设施进行巡查,保证水流不结冰。

7.3.3 洞外便道冬期施工期间应进行除冰和维护,配备挖机、铲车等设备及人工,必要时使用融雪剂。

7.3.4 提前根据气温储备低温燃油。入冬前检查防滑措施是否失效,如有遗失、损坏及时更换。未使用防冻液的机械设备停机后排放冷却水。行走机械、车辆夜晚停放于洞内,每日早班前对设备液压及内燃系统进行检查,防止设备故障影响施工。

7.3.5 为保证冬期施工期间设备正常运转,各工作面应增设备用设备。

7.4 越冬工程维护

7.4.1 冬期停工前对隧道洞口稳定性、截水沟及附属沟渠是否通畅进行排查,洞口应封闭保温。

7.4.2 喷射混凝土对掌子面进行封闭,石质围岩素喷混凝土,土质围岩挂网喷射混凝土,必要时施作锚杆。为进一步确保掌子面稳定,对土质围岩掌子面进行堆土反压

7.4.3 二衬施工应及时跟进,确保洞身安全。

7.4.4 停工期间应按规程做好隧道监控量测工作,如数据异常应及时反馈并采取应对措施。

8 桥涵工程

8.1 一般规定

8.1.1 模板工程

1 浇筑混凝土施工前,模板内须保持清洁干燥,模板表面不得有积水,且模板的温度不低于5 ℃。模板内的粉尘、垃圾等杂物严禁用高压水冲洗,可采用吸尘器吸出或人工捡出。

2 拆除模板应符合下列规定要求:

1) 当混凝土达到《铁路混凝土工程施工技术规程》Q/CR 9207—2017 第6.10.1条的强度要求,并符合本手册第8.1.3条的抗冻强度规定后方可拆除模板;

2) 混凝土与环境的温差不得大于15 ℃。当温差在10 ℃以上但低于15 ℃时,拆除模板后的混凝土表面应采取临时覆盖措施;

3) 采用外部热源加热养护的混凝土,当养护完毕后的环境温度仍在0 ℃以下时应待混凝土冷却至5 ℃以下且混凝土与环境的温差不大于15 ℃后,方可拆除模板;

4) 6级及以上大风和气温急剧变化时不宜拆模。

8.1.2 钢筋工程

1 雪天或施焊现场风速超过3级风时,焊接应采取遮蔽措施,焊接后未冷却的接头应避免碰到冰雪。

2 负温条件下使用的钢筋,施工过程中应加强管理和检验,钢筋在运输和加工过程中应防止撞击和刻痕。

3 钢筋焊接应符合本手册第5.3.2条规定。

8.1.3 混凝土工程

1 搅拌混凝土前,应先经过热工计算,并经试拌确定水和骨料需要预热的最高温度,保证混凝土的出机温度不低于10 ℃,入模温度不低于5 ℃。

2 混凝土原材料水泥、矿物掺合料、外加剂等宜运入暖棚进行自然预热,且不得直接加热。

3 当需要对水和骨料进行加热处理时,骨料的加热温度不宜高于40 ℃,水的加热温度不宜高于60 ℃。当骨料不加热时,水可加热至80 ℃,但搅拌时应先投入骨料和已加热的水,拌匀后再投入水泥。

4 当拌制的混凝土出现坍落度偏小或发生速凝或假凝现象时,应重新调整拌和料的加热温度以及投料顺序。

5 骨料中不得混有冰雪、冻块及易被冻裂的矿物质。

6 搅拌设备宜安装在气温不低于10 ℃的厂房或暖棚内，并在离地面500 mm高度处设置检测温度点，每昼夜测温不应少于4次。搅拌混凝土前及停止搅拌后，应用热水冲洗搅拌机鼓筒。

7 混凝土搅拌时间宜较常温施工延长50%左右。

8 混凝土的运输容器应有保温设施或加热装置。运输时间应缩短，并宜减少中间倒运环节。

9 混凝土浇筑应符合下列规定：

1）混凝土浇筑前，应清除模板及钢筋上的冰雪和污垢；

2）混凝土浇筑应采用分层连续的方法浇筑，分层厚度不得小于20 cm；

3）采用加热养护的整体结构，当混凝土的养护温度高于40 ℃时，应预先确定混凝土的浇筑顺序；

4）冬期施工期间，混凝土强度在达到设计强度的60%之前不得受冻，浸水冻融条件下的混凝土开始受冻时，其强度不应小于设计强度的75%。

10 混凝土施工缝的处理应符合下列要求：

1）当旧混凝土面和外露钢筋（预埋件）暴露在冷空气中时，应对距离新、旧混凝土施工缝1.5 m范围内的旧混凝土和长度在1.0m范围内的外露钢筋（预埋件）进行防寒保温；

2）当混凝土不需加热养护，且在规定的养护期内不致冻结时，对于非冻胀性地基或旧混凝土面，可直接浇筑混凝土；

3）当混凝土需加热养护时，新浇筑混凝土与邻接的已硬化混凝土或岩土介质间的温差不得大于15 ℃；与混凝土接触的地基面温度不得低于2 ℃。

11 当采用暖棚法养护混凝土时，棚内底部温度不得低于5 ℃，且混凝土表面应保持湿润；采用燃煤加热时，应将烟气排出棚外。

8.2 混凝土灌注桩

8.2.1 地基土冻深范围内和露出地面的桩身应进行混凝土的覆盖保温养护。可采用覆盖棉被或覆盖1.5 m厚干燥细粒土加塑料布防冻保温。

8.2.2 冬期施工配置泥浆时，不得采用过期的膨润土或者受水影响的膨润土进行拌制，严禁使用冰水；泥浆中不得掺氯盐类防冻剂，冬期施工拌制浆液宜采用造浆剂。

8.2.3 为防止泥浆池浆液冻结，影响混凝土灌注，泥浆池采用阻燃棉被覆盖保温，并在现场使用前用泥浆泵快速抽放循环进行二次搅拌，防止温度低对泥浆的和易性造成影响。若泥浆温度较低时，采用电热棒进行加热，保持泥浆温度在0 ℃以上，防止结冰。

8.2.4 拌制泥浆所用的膨润土须进行覆盖，防止受到雨雪侵蚀结冰。泥浆循环管路须准备两套，保证一套受冻后可及时将备用的管路换上。

8.2.5 冬期钻孔灌注桩工艺流程图如图8.2.5所示。

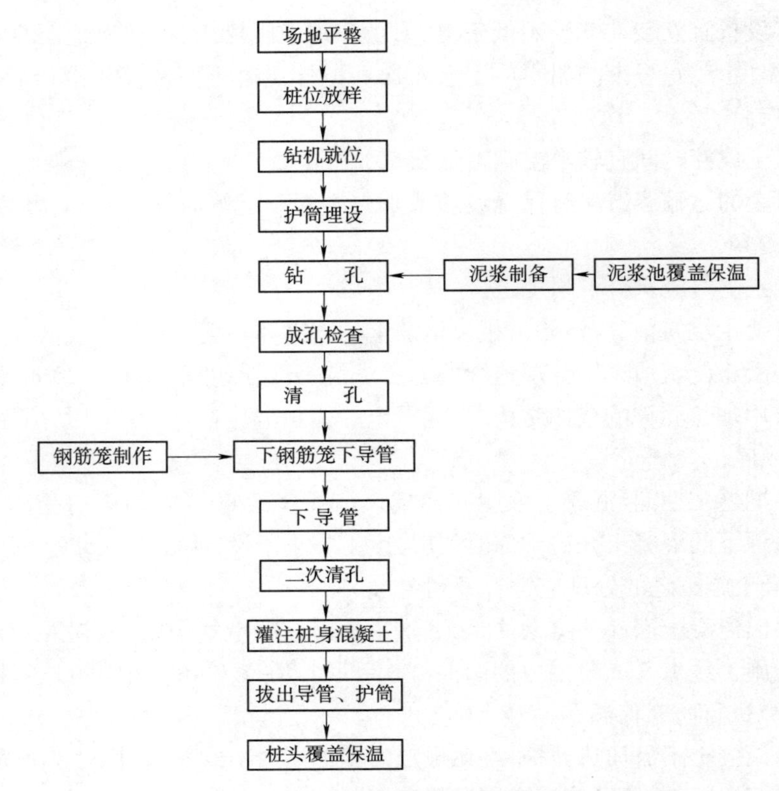

图 8.2.5　冬期钻孔灌注桩工艺流程图

8.3　承台、墩台

8.3.1　一般规定

1　适用于高度小于 15 m 的墩台。

2　冬期施工期间，混凝土强度达到设计强度的 60% 之前不得受冻。浸水冻融条件下的混凝土强度达到设计强度的 75% 之前不得受冻。

3　冬期施工前，应组织有关人员对暖棚骨架、扶梯、栏杆、缆风绳等所有防护设施进行全面检查。发现有倾斜、变形、松动等现象，必须及时修理、加固，经复检验收后，方可重新使用。

4　当室外最低气温高于 −15 ℃时，地下工程或表面系数不大于 15 m^{-1} 的工程应优先采用蓄热法养护，并应符合下列规定：

1）应结合环境条件，在经计算能保证结构物不受冻害的情况下方可采用蓄热法养护混凝土。

2）所采用的保温措施应确保混凝土强度符合本手册第 7.2.1 条规定的抗冻强度要求。

3）混凝土应采用较小的水胶比，养护过程中应采取加快混凝土硬化和降低混凝土冻结温度的措施。对容易冷却和受冻的结构部位，应特别加强保温，且不应往混凝土和覆盖物上洒水。

4）混凝土浇筑后，应立即防寒保温。保温材料应按施工方案设置，并保持干燥。应重点对结构物的边棱隅角加强覆盖保温，保温层厚度应增大2～3倍，迎风面应采取防风措施。

8.3.2 混凝土浇筑及养护

1 罐车必须设置在稳固地点，不得有冰雪冻融物。施工现场道路进行防滑处理等措施，水平管的出料方向应低于进料方向，输送管不得直接固定在钢筋、模板及预埋件上。

2 混凝土浇筑宜选择白天温度较高的10时至16时期间进行。

3 进行混凝土浇筑前应清除模板和钢筋上的冰雪及污垢。

4 混凝土浇筑前对暖棚内进行加温，始终保证棚内温度不低于10 ℃，确保模板、钢筋、混凝土结合面表面温度在5 ℃以上。浇筑过程中应不间断供热，保证模内混凝土温度不得低于5 ℃。

5 混凝土浇筑时顶部入料孔暂不封闭，浇筑完毕后，可用篷布封闭暖棚顶部入料孔。

6 混凝土浇筑应分层连续浇筑，分层厚度不得小于20 cm，并宜缩短每层浇筑的分段长度，减小混凝土的散热面。已浇筑层的混凝土温度在未被上一层混凝土覆盖前不应低于2 ℃。

7 混凝土收面结束后，应立即在表面覆盖一层塑料薄膜，其上再覆盖棉被，防止混凝土受冻。

8 暖棚法施工应符合下列规定：

1）暖棚应结构稳定、不透风，宜采用阻燃材料。

2）暖棚脚手架基础应有足够的承载力，并应做好相应地面防排水处理。使用过程中，应定期对脚手架及地基基础进行检查和维护。暖棚脚手架应考虑风荷载及雪荷载影响，进行强度及稳定性计算。

3）暖棚内养护期间应将烟或燃烧气体排至棚外，并应采取防止烟气中毒和防火的措施。暖棚的出入口应设专人管理，并应采取防止棚内温度下降和风口处混凝土受冻的措施。

4）暖棚四周悬挂温度计，应设专人监测暖棚内温度，暖棚内各测点温度不得低于5 ℃。测温点应选择其有代表性位置进行布置。在距地面50 cm高度处应设点，每昼夜测温不应少于4次。

5）养护期间应监测暖棚内的相对湿度，混凝土不得有失水现象，否则应及时采取增湿措施或在混凝土表面洒水养护。

9 采用加热法养护，养护温度应通过试验确定，并应符合下列规定：

1）整体浇筑的结构，表面系数等于或大于6 m^{-1}，升温速度不得大于15 ℃/h；浇筑表面系数小于6 m^{-1}的结构，升温速度不得大于10 ℃/h。整体浇筑的结构，恒温养护结束后，表面系数大于等于6 m^{-1}的结构，降温速度不得大于

10 ℃/h；表面系数小于6 m^{-1}的结构降温速度不得大于5 ℃/h。

2）用蒸汽加热法养护的混凝土，当采用硅酸盐水泥和普通硅酸盐水泥时，养护温度不得高于55 ℃。

3）采用电热法养护的混凝土，当结构的表面系数小于15 m^{-1}时，养护温度不宜高于40 ℃；当结构物的表面系数大于15 m^{-1}时，养护温度不宜高于35 ℃。

10 混凝土养护温度的监测频次，应符合下列规定：

1）当采用蓄热法养护时，在养护期间至少每4 h 监测一次。

2）当采用蒸汽、电热法或暖棚进行养护时，在升、降温期间每1 h 监测一次，在恒温期间每2 h 监测一次。

3）室外气温及施工环境温度应每昼夜定时、定点观测不少于4 次。

4）测温孔应设在混凝土温度较低和有代表性的地方。测温孔可采用电钻开小孔埋设温度计测温，也可采用预埋内径12 mm 金属套管制作，开孔深度5 ~ 10 cm，测温工作结束后测温孔应用保温材料封口。承台顶面四周设置不少于4 个测温孔，墩台上中下各设置不小于1 个测温孔。所有测温孔应编号，并绘制测温孔布置图。测温人员应同时检查覆盖保温情况，并了解结构的浇筑日期、养护期限，以及混凝土的允许最低温度。发现问题，应立即通知有关人员，以便及时采取措施，加强保温或局部进行短时加热。

5）测温时按测温孔编号顺序进行。监测混凝土温度时，测温计不应受外界气温的影响，并应在测温孔内至少留置3 min。

6）当混凝土达到规定的抗冻强度且拆模后混凝土表面温度与环境温差≤15 ℃、混凝土的降温速度不超过5 ℃/h、测温孔的温度和大气温度接近时结束现场测温工作。

8.3.3 承台

承台冬期施工采用搭设暖棚保温，棚内设热风幕或热风机进行养护。

1 冬期承台工艺流程，如图8.3.3—1 所示。

2 基坑工程

1）基础基坑开挖时尽可能减少挖掘机间断开挖的时间，减少冻土施工。冻土开挖采用风镐或破碎头配合破冻土层，开挖到设计标高后，对基底用草袋进行覆盖，防止基底受冻。

2）冬期施工时基坑开挖、垫层施工要考虑暖棚支架搭设要求，承台开挖线外每侧应预留2 m 宽度满足棚架搭设施工条件。

3）达到拆模条件后，立即对承台基坑进行回填作业，保证承台混凝土得到有效养护。土方回填前应清除地基上的冰雪和保温材料，采用小型机具进行对称夯填，每层回填厚度不大于20 cm，回填材料及质量应符合设计要求。

3 暖棚法施工

1）承台开挖后采用暖棚保温，暖棚支架采用I10 工字钢做横梁，上方纵向铺设直

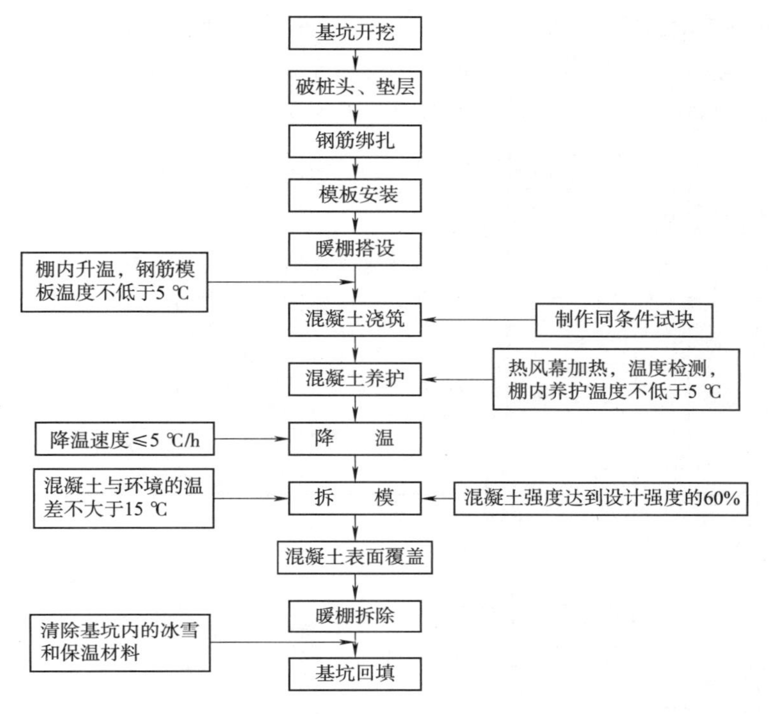

图 8. 3. 3—1　冬期承台工艺流程图

径 48 mm 钢管做骨架，支架及骨架两端搭在基坑上方，顶面及四周用棉篷布覆盖，其上采用钢管压牢并用铁线绑扎严实，墩身预埋钢筋穿过棉篷布处孔洞单独用棉篷布二次覆盖。四周棉篷布底部采用方木压实并填塞砂土封闭。暖棚搭设高度距承台顶面不小于 1 m。承台暖棚搭设示意图如图 8. 3. 3—2 所示。

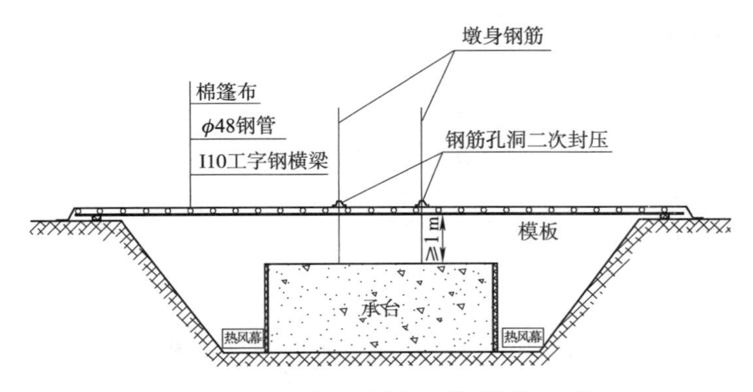

图 8. 3. 3—2　承台顺桥向暖棚搭设立面图

2）在浇筑过程中，棚顶不掀开，只拆开一个小口，将软管放入棚内，人工拉动软管或设置溜槽浇筑混凝土。浇筑完毕后，用棉被封闭暖棚顶部浇筑孔，封闭后采用热风幕或热风机进行加热养护，确保棚内温度不低于 5 ℃。每个承台预留 0. 8 m×0. 8 m 人孔供温度检查等使用。

3）混凝土浇筑完成后，承台表面铺一层塑料布并加盖棉被进行保温保湿养护。拆模后使用塑料薄膜及棉被对承台顶面及四周进行覆盖养护。

4 承台冬期施工主要加热设备及物资见表 8.3.3。

表 8.3.3 承台冬期施工主要加热设备及物资表

序号	设备/材料名称	单位	规格型号	主要性能	数 量	备 注
1	热风幕	台	380 V-15 kW	单台：送风量 2 300 m^3/h	大于 2	经热工计算配置
2	架管(暖棚骨架)	m	48 mm × 3.5 mm	—	—	
3	阻燃棉被	m^2	3 cm 厚	外部采用三防布，内部为岩或玻璃棉，导热系数低于 0.04	覆盖面积乘以 1.3	
4	草 帘	m^2	2 cm 厚	导热系数低于 0.06	覆盖面积乘以 1.2	基坑使用

注：表中数量为施工经验值，具体应根据现场情况计算确定。

8.3.4 墩台

墩台冬期施工采用蓄热法或暖棚法进行养护。当室外最低气温高于 -3 ℃时宜采用蓄热法，气温低于 -3 ℃时采用暖棚法养护。

1 冬期墩身工艺流程，如图 8.3.4—1 所示。

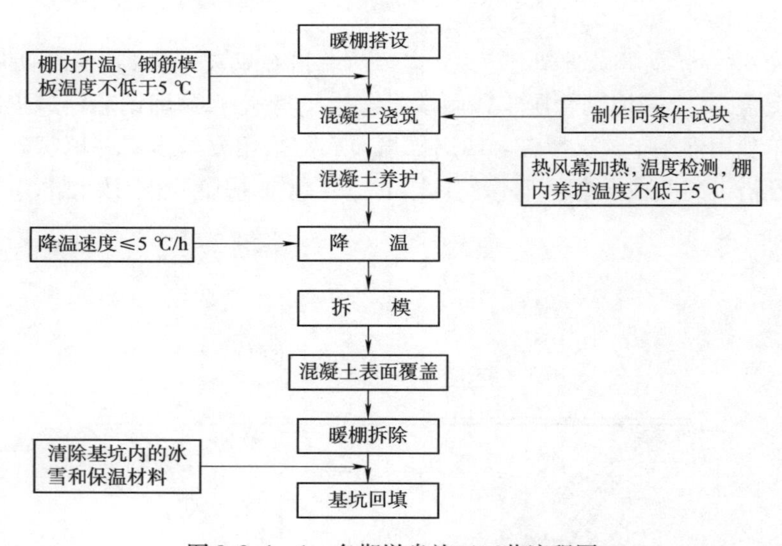

图 8.3.4—1 冬期墩身施工工艺流程图

2 蓄热法施工

在墩身模板外侧包裹阻燃棉被 + 篷布，顶面用保温材料覆盖，并用铁丝将墩身顶面及四周捆绑牢固封闭密实。

3 暖棚法施工

1）方法一：利用墩身模板外侧作业平台扶手作为围护层骨架，外侧包裹阻燃棉被＋篷布,并用铁丝将墩身四周捆绑牢固,混凝土浇筑时顶部暂不封闭,待浇筑完毕后采用阻燃棉被＋篷布覆盖封闭顶部。暖棚搭设布置图如图 8.3.4—2(a)所示。

2）方法二:在墩身外侧搭设双排脚手架做暖棚骨架,外搭阻燃棉被＋篷布将顶棚和四周封闭密实。混凝土浇筑时顶部暂不封闭,待混凝土浇筑完成后采取覆盖方式封闭顶部。暖棚搭设布置图如图 8.3.4—2(b)所示。

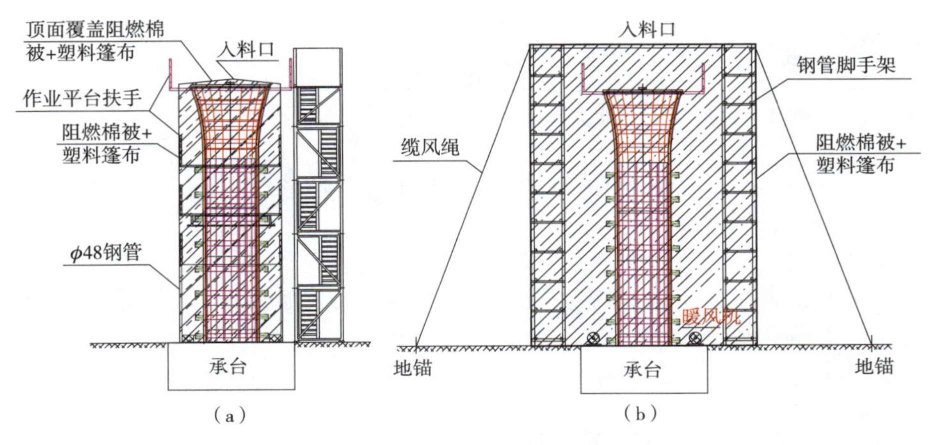

图 8.3.4—2 墩身暖棚搭设布置图

3）搭设脚手架的暖棚高度要比墩身高度高出 1.8 m,棚内面积应满足加热设备放置、测温及安全检查人员通行。阻燃棉被的制作按照墩身高度,纵向排摆,阻燃棉被之间采用系带绑扎连接,搭接长度不小于 0.2 m,为保证阻燃棉被与钢管包裹稳定,将阻燃棉被和篷布采用铁丝紧固在支架外侧。防止底部漏风,四周的阻燃棉被和篷布底部紧贴地面采用沙袋压实固定。

4）利用缆风绳对支架四角进行固定,保证暖棚骨架稳定及保温层不被风掀起。缆风绳与支架立面角度为 45°~60°,并根据支架不同高度,相应增加缆风绳层数。

5）暖棚内底部安放热风幕或热风机进行加热升温,保证浇筑混凝土前棚内温度在 5 ℃以上,每个暖棚内加热设备数量通过热工计算确定,热工计算方法见本手册附录 A。

4 墩台冬期施工主要加热设备及物资见表 8.3.4。

表 8.3.4 墩台冬期施工主要加热设备及物资表

序号	设备/材料名称	单位	规格型号	主要性能	数　量	备　注
1	电热风幕	台	380 V-15 kW	单台:15 kW,送风量 2 300 m^3/h	>2	经热工计算配置
2	架管（暖棚骨架）	m	48 mm×3.5 mm	—	—	

续表 8.3.4

序号	设备/材料名称	单位	规格型号	主要性能	数　量	备　注
3	阻燃棉被	m^2	3 cm 厚	外部采用三防布，内部为岩棉或玻璃棉，导热系数低于 0.04	覆盖面积乘以 1.3	
4	塑料薄膜	m^2	9 s	厚度 0.09 mm	覆盖面积乘以 1.5	
5	聚乙烯彩条篷布	m^2	双面覆膜 100 g/m^2	厚度 0.15 mm 以上，幅宽不小于 6 m	覆盖面积乘以 1.5	

注：表中数量为施工经验值，具体应根据现场情况计算确定。

8.4　预应力混凝土简支 T 梁（箱梁）预制

8.4.1　施工准备

1　冬期施工前，应提前做好物资、设备、人员等冬施准备工作，各项设施和材料应提前采取防雪、防冻、保温等措施。

2　采用预拌混凝土时，应对搅拌站的运距、生产能力、质量保证措施等方面进行核查，并对冬期施工混凝土的质量（指标）要求进行书面交底。

3　施工现场机械设备及管线设施提前做好防寒保暖工作，对冬期施工的计量系统、机械、设备、管线等进行全面检修，更换老化元器件，备用一定量的易损零配件。防止路面、爬梯、施工作业平台结冰，采取防滑措施对施工场地道路和作业场所进行处理。

8.4.2　后张法预应力混凝土简支箱梁预制

1　后张法预应力混凝土简支箱梁预制施工流程如图 8.4.2—1 所示。

2　模板工程。

1）侧模包封后的模板，在混凝土浇筑前采用移动伸缩式保温养护棚盖将模板顶部覆盖，梁端用保温篷布遮挡箱室入口，采用养护热源提前进行模板预热，去除积雪，确保混凝土浇筑施工前模板温度不低于 5 ℃。

2）大风天气或气温急剧变化时不宜拆模。

3）当环境温度低于 0 ℃时，混凝土达到要求强度并待表层混凝土冷却到 5 ℃以下后方可拆除模板。拆模时梁体混凝土芯部与表层、表层与环境、箱内与箱外温差均不宜大于 15 ℃，拆除完成后混凝土上表面应及时覆盖，缓慢冷却，防止混凝土立即暴露在大气环境中，拆模时需要控制拆模时间。

4）模板拆除后尽快安排梁体预张拉、初张拉，移梁至存梁区后立即对梁体进行覆盖保温养护。

3　钢筋工程。

1）在温度低于 0 ℃条件下使用的钢筋，施工时应加强检验。

2）钢筋在运输和加工过程中应防止撞击和刻痕。

3）冬期钢筋焊接应有防雪挡风措施，焊接后的接头严禁立即接触冰雪。

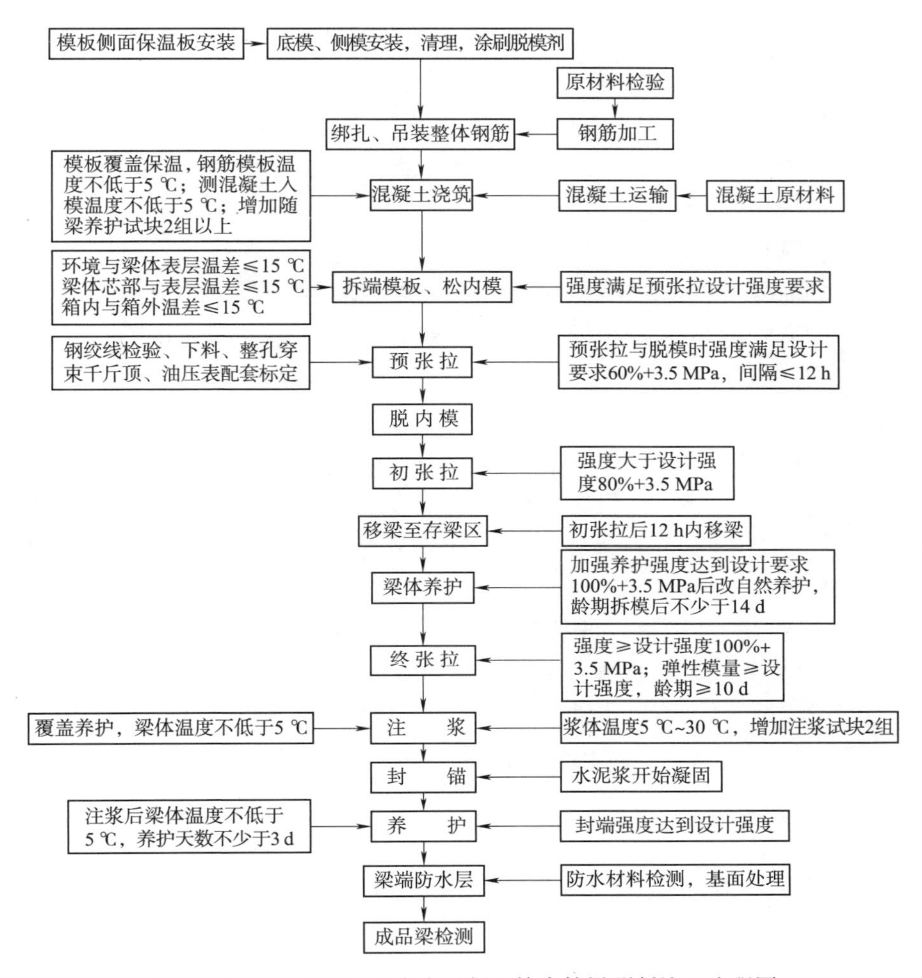

图 8.4.2—1　后张法预应力混凝土简支箱梁预制施工流程图

4）在温度低于0 ℃下冷拉的钢筋，应逐根进行外观质量检查，其表面不得有裂纹和局部颈缩。

4 混凝土工程。

1）混凝土原材料加热、搅拌、运输。

①混凝土原材加热见本手册第5.1.5条的相关要求；

②混凝土搅拌见本手册第5.1.6条的相关要求；

③混凝土运输见本手册第5.1.7条的相关要求。

2）混凝土浇筑。

①应结合环境条件，混凝土浇筑宜在白天温度较高时段的10时至16时进行。浇筑前合理组织施工，确保各环节衔接有序，保证混凝土浇筑的连续性，缩短混凝土运输时间及卸料等待时间，控制混凝土罐车出站时间间隔，控制混凝土的浇筑时间，减小混凝土温度损失。

②泵送浇筑时，对泵送管道采取覆盖包裹保温措施，透风保温材料在内侧，不

透风材料在外侧,间隔500 mm用铁丝绑扎固定。

③在浇筑地点随时测量气温变化,及时监测混凝土入模温度,确保混凝土入模温度不低于5 ℃。混凝土入模温度变化情况随时反馈到拌和站,及时对混凝土的出机温度进行调整。当环境温度稳定时,每2 h监测一次,当环境温度变化较大时,每车进行监测。

④混凝土浇筑应分层进行,厚度不得小于20 cm,且不宜大于30 cm,已浇筑层的混凝土温度在未被上一层混凝土覆盖前不应低于2 ℃。宜缩短每层浇筑的分段长度,以减少混凝土的散热面。浇筑完成应及时覆盖。

⑤增加与梁体同条件养护的施工试件不少于2组。

3）混凝土养护。

①暖棚法:在箱梁外侧及梁端部采用岩棉彩钢板等保温材料包封,保温材料固定在模板支架上,保温板厚度根据地域气温决定,厚度宜在5 cm以上。

梁顶面采用可移动伸缩式保温养护棚覆盖,伸缩棚骨架采用40 mm×40 mm方管、40 mm×20 mm矩形管及70 mm活动节等组装而成,外侧采用防水保温毡覆盖。伸缩棚桁架高度0.8～1.0 m,桁架底部距梁顶部净空1.5～1.8 m,养护棚分节段制作,宽度比梁顶面每侧宽出0.3～0.5 m。棚下安装滚轮,可以顺梁长方向移动。混凝土灌注前在箱室两侧用保温篷布遮挡箱室入口,不让冷风直接吹到箱室内部。箱梁保温如图8.4.2—2所示。

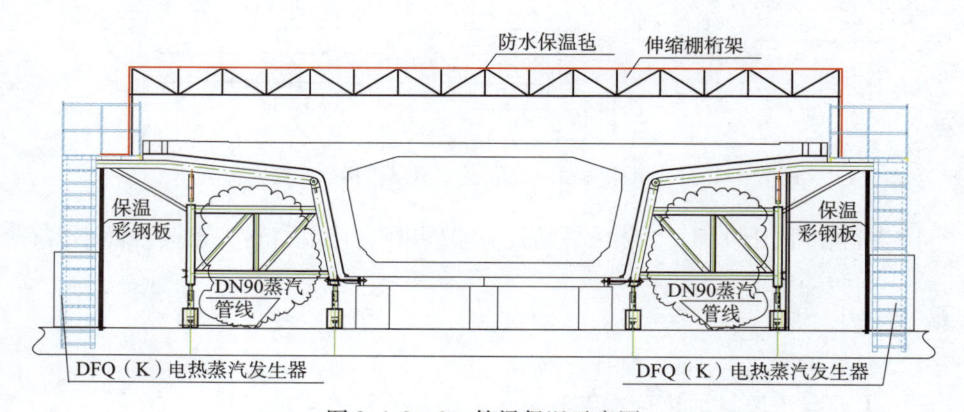

图8.4.2—2　箱梁保温示意图

②混凝土浇筑完成后,立即用梁面伸缩式保温棚对梁顶面进行覆盖,并在静停后开始对梁体进行蒸汽养护。加热设备可以选用蒸气锅炉等进行加热。

③蒸汽养护时,混凝土静停期间应保持棚内温度不低于5 ℃,浇筑结束后4～6 h混凝土终凝后方可升温;温度由静停期升至规定的恒温阶段为升温期,升温速度不得大于10 ℃/h;恒温阶段是混凝土强度增长最快的阶段,恒温时间应根据梁体拆模强度要求、混凝土配合比及环境条件等通过试验确定。恒温养护期间蒸汽养护温度不宜超过45 ℃,混凝土降温速度不得大于10 ℃/h。

④混凝土养护期间,梁体表面混凝土温度不宜超过45 ℃,梁体混凝土芯部温度不宜超过 60 ℃,最高不得超过 65 ℃;混凝土芯部温度与表面温度、表面温度与环境温度之差均不大于 15 ℃。

⑤混凝土强度由同条件试块强度确定,拆模、初张拉完成后,移梁到存梁区后继续对梁体进行保温养护直到强度达到设计强度方可结束养护。

⑥蒸汽养护结束后,应立即进入自然养护。当环境温度低于 5 ℃时梁体表面宜采取喷涂养护剂的保温措施,不应采取梁体混凝土洒水养护。

5 温度监控。

1) 梁场搅拌站温度监控见混凝土拌和站第 5. 1. 9 条温度监控相关要求;

2) 混凝土、环境温度测量及监控宜采用自动温度测试、调控系统;

3) 混凝土灌注过程中,对工地环境气温、工作面的气温和混凝土入模温度进行监测。工地环境气温、工作面的气温监测每工作班不少于 4 次,混凝土入模温度监测每2 h测温 1 次,并与其出罐温度测量相对应,以便计算在浇筑过程中的温度降低值;

4) 梁体蒸汽养护布置 18 个测温点,用于冬期混凝土蒸汽养生温度监控。采用自动测温监控仪,测温点分别位于距端部 2 m 处及跨中位置三个断面处。每个断面模板两侧各设置 1 个测温点,箱内居中设置 1 个测温点,梁顶部均匀布置 3 个测温点。每小时记录一次温度记录。箱梁蒸汽养护测温点布置如图 8. 4. 2—3 所示。

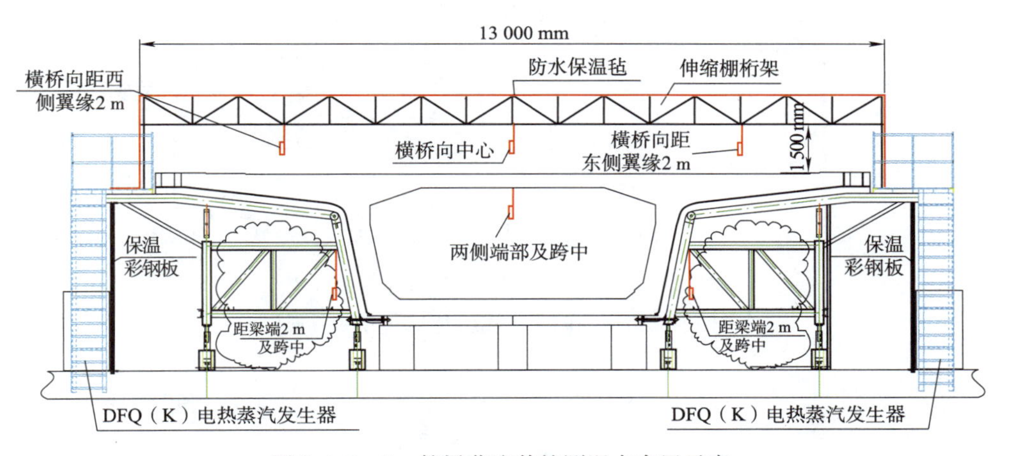

图 8. 4. 2—3 箱梁蒸汽养护测温点布置示意

5) 所有测温活动均应详细记录,并按顺序、时间、部位整理成册。

6 预应力工程张拉、注浆、封锚。

1) 预应力初张拉在制梁台座上进行,梁体在制梁台座上养护结束,强度满足拆模及初张后及时进行初张拉,然后移梁至存梁区。当采用蒸汽养护时,养护完成前不应穿预应力束。

2）预应力筋张拉宜在白天温度较高的时段10时至16时进行，张拉前需要对梁体进行覆盖保温，确保张拉温度达到0 ℃以上。

3）张拉注浆覆盖保温可采用梁顶部伸缩棚桁架与防水保温毡包封形式或防水保温毡整体包封形式。梁端张拉注浆部位采用保温伸缩棚进行保温施工，如图8.4.2—4 ~ 图8.4.2—6所示。

4）加热采用蒸气锅炉、蒸汽发生器、热风机、热风幕等直接进行加热，保证张拉时环境温度满足0 ℃以上的要求。

5）预制梁注浆材料搅拌至浆体压入管道的时间间隔不应超过40 min。

6）梁体张拉注浆设备、仪表和液压工作系统油液应根据环境温度选用，并应在使用温度条件下进行配套校验，施工前要认真核对检查。

7）终张拉完成后48 h内进行梁体注浆，注浆作业时浆体温度应保证在5 ℃ ~ 30 ℃；注浆过程及注浆完成后3 d内，梁体温度不得低于5 ℃。

8）注浆设备安置在保温伸缩棚内，孔道注浆前对拌和用水储水罐进行加热，水温不低于5 ℃不高于30 ℃。注浆后继续对梁体进行加热养护，养护温度不低于5 ℃，养护天数不少于3 d。

9）浆体的性能检验严格按照试验操作规程要求进行，增加两组以上同条件养护注浆试块，试件取出浆口的水泥浆制作，并注明梁号及施工日期。

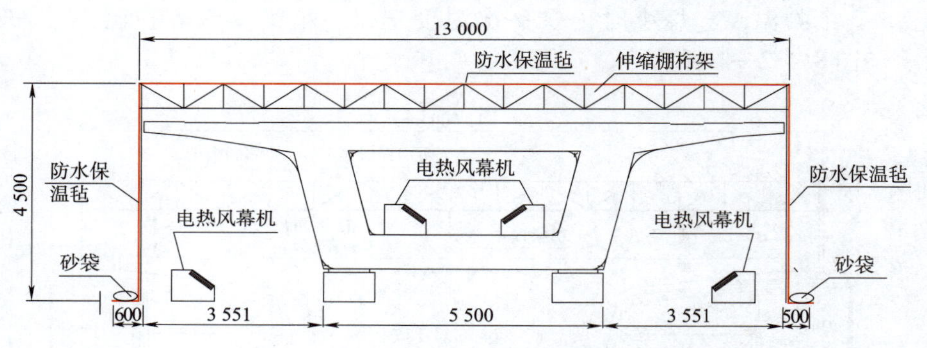

图8.4.2—4　梁体张拉注浆保温措施示意
（伸缩棚桁架与防水保温毡包封）（单位：mm）

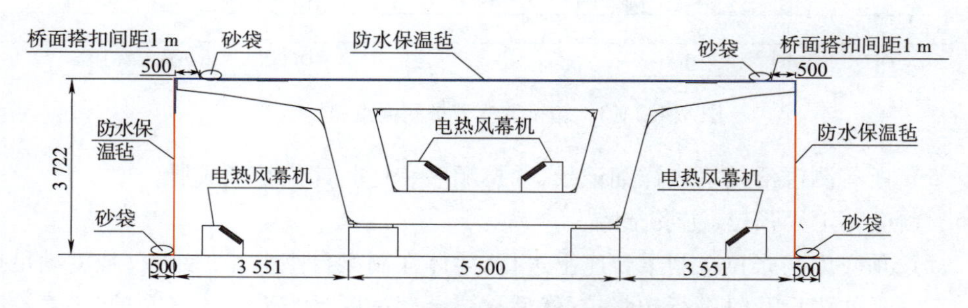

图8.4.2—5　梁体张拉注浆保温措施示意
（防水保温毡整体包封）（单位：mm）

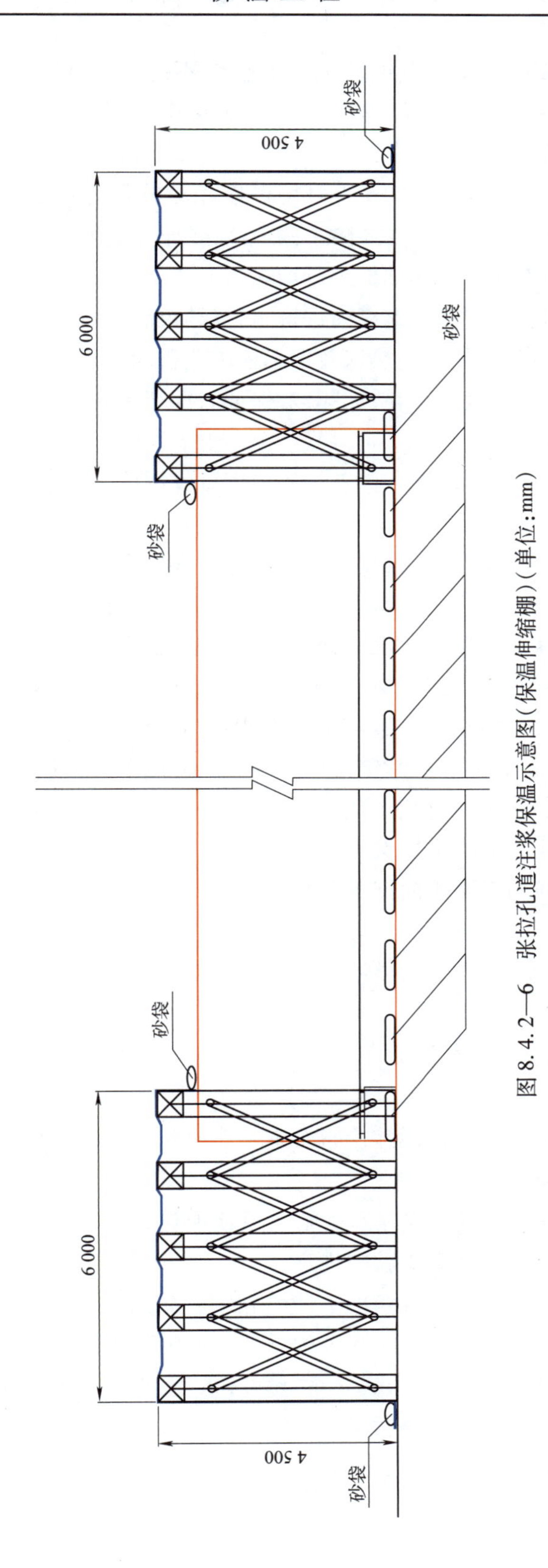

图 8.4.2—6 张拉孔道注浆保温示意图(保温伸缩棚)(单位:mm)

10）注浆强度未达到28 d强度要求之前，不得进行静载试验或出场架设。

11）孔道注浆完毕后，经检查无不饱满情况，浆体已凝固后，应及时进行封锚（端）作业。

12）封锚混凝土灌注时间选在环境温度相对较高的时段进行。当环境温度低于5 ℃时，施工前对将要封锚的梁体端部进行预热。在整体包封形式或保温伸缩棚内直接对梁体端部进行加热。

13）封端作业在保温伸缩棚内进行，封锚结束后及时使用塑料薄膜覆盖封锚混凝土，梁端局部加盖电热毯及保温棉被覆盖加强封锚混凝土养护。

14）封端应保持表面平整，无起包，保证后期端头防水涂刷均匀，无气孔、不流泪、不鼓包。

15）增加与梁体封端同条件养护的施工试件不少于2组。

7 移梁、装车。

1）移梁时，梁体混凝土强度应符合设计要求。设计无要求时，梁体混凝土强度不应小于设计强度的80%，并应在预应力筋初张拉后进行。

2）梁体注浆后移梁时水泥浆强度应符合设计要求。设计无要求时，场内移梁时应大于设计强度的80%，注浆水泥浆强度未达到28 d强度要求（抗压强度≥50 MPa、抗折强度≥10 MPa）不得进行静载试验或运梁出场架设。

3）梁体封锚后移梁时，封锚混凝土强度不得低于设计强度的50%。

4）提梁机行走的场地应平整，并应采取防滑措施。起吊的支撑点地基应坚实。

8.4.3 后张法预应力混凝土简支T梁预制

1 后张法预应力混凝土简支T梁预制施工流程图如图8.4.3—1所示。

2 模板工程

T梁模板施工应符合本手册第8.4.2条第2款的规定。

3 钢筋工程

T梁钢筋施工应符合本手册第8.4.2条第3款的规定。

4 混凝土工程

1）混凝土原材、搅拌、运输应符合本手册第8.4.2条第4款的规定。

2）混凝土浇筑。

①T梁混凝土浇筑除保温措施及模板加热时间要求不同外，其他要求按本手册第8.4.2条第4款的规定。

②最迟宜在混凝土浇筑前1 h开始对覆盖后的梁模板、钢筋进行预热，确保模板和钢筋温度不低于5 ℃时方可开始混凝土浇筑。

③混凝土全部浇筑完成及时覆盖，采用伸缩式保温棚与防水保温毡包封形式或防水保温毡整体覆盖，当采用防水保温毡直接覆盖时，防水保温毡要搭设在模板拉杆上，避免防水保温毡直接覆盖在未初凝的混凝土上。

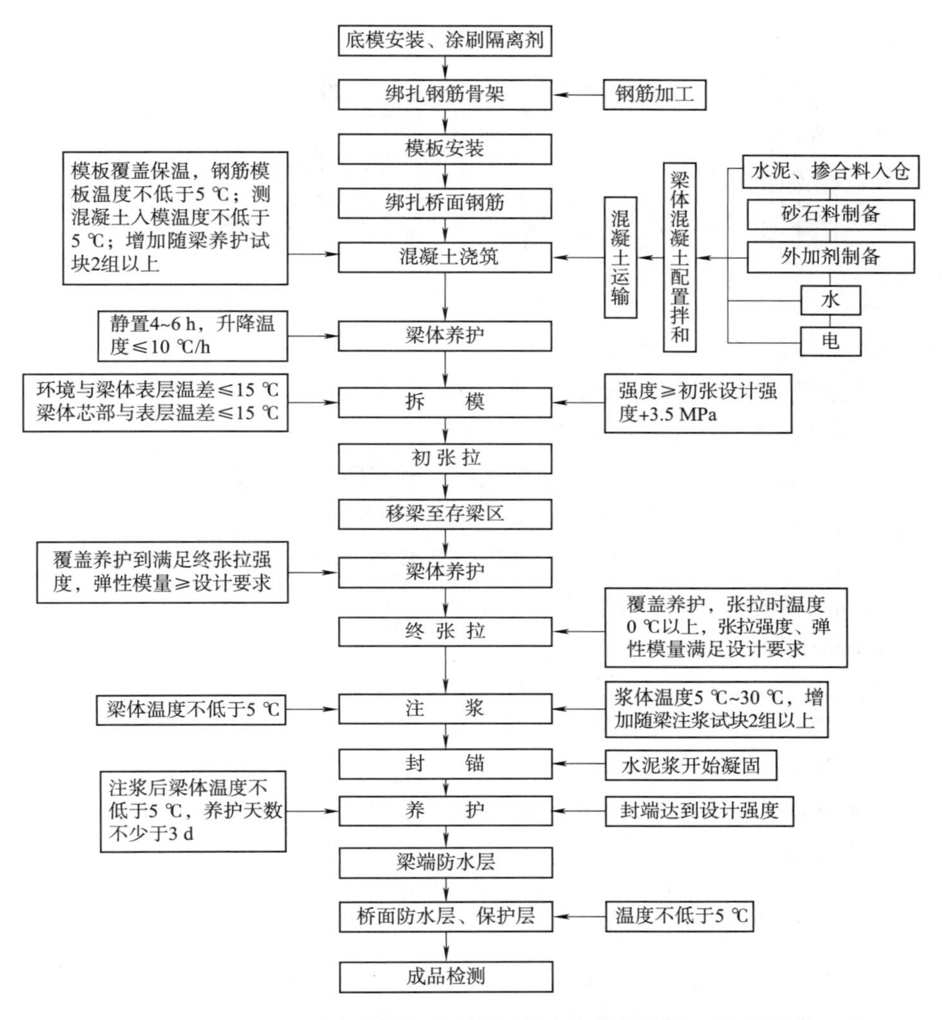

图 8.4.3—1　后张法预应力混凝土简支 T 梁预制施工流程图

3）混凝土养护。

①T 梁混凝土养护除养护方法要求不同外，其他要求应符合本手册第 8.4.2 条第 4 款的规定。

②T 梁浇筑养护方法可采用伸缩式保温棚与防水保温毡包封形式或防水保温毡整体覆盖形式。加热设备可以选用蒸气锅炉进行加热。

③伸缩式保温棚的伸缩棚骨架采用 60 mm 方钢进行焊接搭设，外侧采用防水保温毡覆盖。保温棚搭设高度宜比梁顶面高 1.5 m，保温棚分节段制作，宽度比梁顶面每侧宽出 0.3 m。棚下安装滚轮，可以顺梁长方向移动，如图 8.4.3—2 所示。

5　温度监控

T 梁温度监控应符合本手册第 8.4.2 条第 5 款的规定。

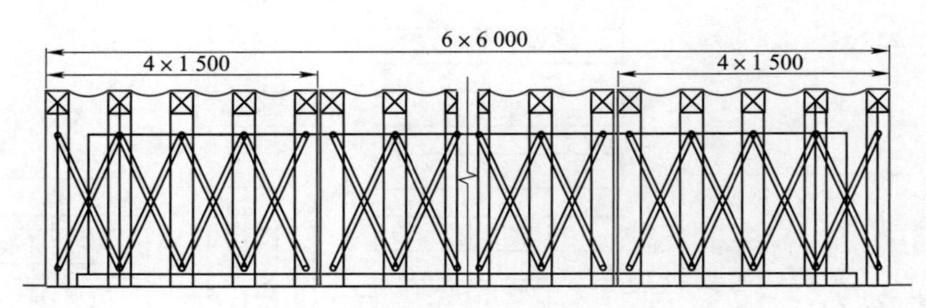

图 8.4.3—2　T 梁伸缩保温棚示意图(单位:mm)

6　预应力工程张拉、注浆、封锚

1) T 梁预应力工程张拉、注浆、封锚施工除保温措施外,其他应符合本手册第 8.4.2 条第 6 款的规定。

2) 张拉、注浆、封锚养护采用伸缩式保温棚与防水保温毡包封形式或防水保温毡整体覆盖形式。采用伸缩式保温棚覆盖时梁体及张拉架包含在伸缩棚内;采用篷布覆盖形式时梁端张拉部位采用保温伸缩棚辅助施工。采用蒸气锅炉、蒸汽发生器、热风机、热风幕等进行加热。

7　防水层及保护层

1) 不得在冰雪和大风天气下施工防水层。

2) 铺设防水材料前应清除桥面的冰雪、浮浆和各类杂物,并确保防水层与桥面结合面干燥。

3) 环境温度气温低于 5 ℃时不得铺贴氯化聚乙烯防水卷材及涂刷聚氨酯涂料,超出其温度范围应采取相应保温措施。

4) 防水层施工前,宜先用热风幕、热风机等不含蒸汽的加热设备对基层进行加热烘干,确保基层施工前干燥。

5) 防水层、保护层施工前用伸缩式保温棚与防水保温毡包封形式进行覆盖,封闭后在棚内四周设热风机或热风幕进行加热,保证防水层及混凝土施工前棚内温度在 5 ℃以上。

6) 防水层施工完成并固化后,应及时进行保护层施工。

7) 保护层混凝土施工养护参见混凝土养护规定。

8) 增加与保护层同条件养护的施工试件不少于 2 组。

8　移梁、装车

1) 移梁前,梁体混凝土强度必须符合设计要求。设计无要求时,梁体混凝土强度不应小于设计强度的 75%,并应在预应力筋初张拉后进行。

2) 注浆后移梁,水泥浆强度应符合设计要求。当设计无要求时,应大于设计强度的 75%。

3) 封锚后移梁,封锚混凝土强度不得低于设计强度的 50%。

4) 提梁设备行走的场地应平整,并应采取防滑措施。起吊的支撑点地基应坚实。

9　预制梁冬期施工主要设备物资需求见表 8.4.3。

表 8.4.3 预制梁冬期施工主要设备物资需求表

序号	设备/材料名称	单位	规格型号	主要性能	数量	备注
1	锅炉	台	WNS4	额定蒸汽量4 000 kg/h,煤气消耗量645.3(Nm^3/h)	1	冬期施工量较大时采用燃气锅炉较经济
2	DFQ(K)电热蒸汽发生器	台	30 kW/h	额定蒸发量70 kg/h	4/榀	冬期施工数量较少时可采用电热蒸汽发生器。梁两侧各布置2台
3	电热风幕	台	380 V-15 kW	供热面积19 m^2,送风量2 300 m^3/h	8/榀	按6 m间距布置一台,箱梁箱内及梁两侧均布置,T梁布置在两侧
4	自动温控仪	台	NS-WT100	每个测温仪配8个探头	3/榀	
5	注浆暖棚	套	长6 m×宽(梁宽+0.7 m×2)×高(梁高+1.5 m)	考虑注浆机,叉车进入,棚的入口宽度2.5~3 m	2/榀	尺寸根据现场实际及施工设备尺寸调整
6	岩棉彩钢板	m^2	5 cm厚	阻燃材料	覆盖表面积乘1.3系数	
7	防水保温毡	m^2	3 cm厚	外部采用防水布,内部为岩棉或玻璃棉,导热系数低于0.04	覆盖表面积乘1.3系数	

注:表中数量为施工经验值,具体应根据现场情况计算确定。

8.5 预应力混凝土简支箱梁桥位制梁

8.5.1 一般规定

1 本节适用于墩身高度小于15 m的满堂支架施工和梁柱式支架施工。

2 梁体注浆设备、仪表和液压工作系统油液应根据温度选用,并在使用温度条件下进行配套校验。

3 混凝土强度达到设计强度的60%之前不得受冻。预应力筋张拉或放张时,环境温度不低于0 ℃。注浆时浆体温度应在5 ℃~30 ℃之间,注浆及注浆后3 d内,梁体及环境温度不应低于5 ℃。

4 支架现浇梁冬期施工采用暖棚法。其中墩身高度小于5 m,暖棚做法参考本手册第8.4.2条。

5 现浇梁支架暖棚法冬期施工流程如图8.5.1所示。

8.5.2 地基处理及支架

1 冻胀土地区搭设满堂支架时应清除架体下的冻土层,换填改良土并充分碾压,严密监测,防止冻胀,满足承载力要求。地面进行防排水处理,控制不均匀沉降。

2 支架承载力、稳定性计算时,应考雪荷载和保温养护设施荷载。

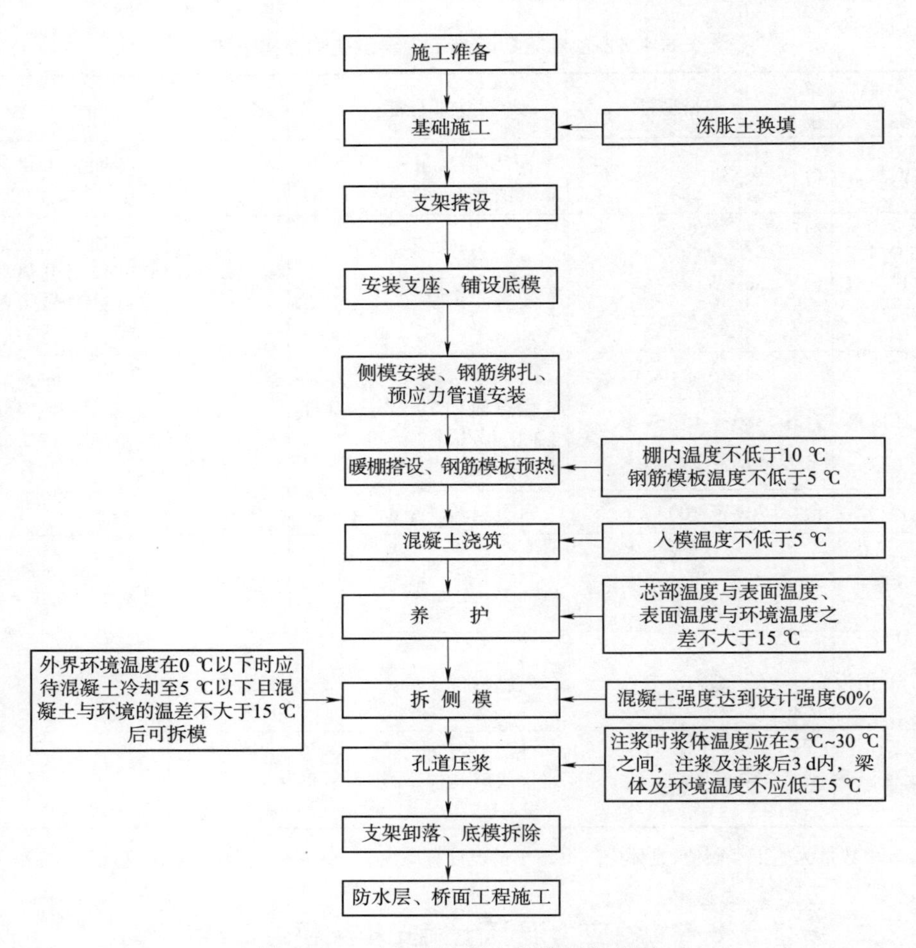

图 8.5.1 支架现浇梁冬期施工流程图

8.5.3 钢筋工程

1 钢筋加工及焊接按本手册第 5.3.2 条执行。

2 现场施焊时,如环境温度低于 −20 ℃,应停止焊接或利用搭设的暖棚创造作业环境。

3 钢筋安装后应进行遮盖,避免被杂物、冰雪污染。

8.5.4 模板安装

清除模板及作业平台上的冻块,以防人员滑倒坠落。

8.5.5 暖棚法混凝土施工

1 混凝土浇筑前搭设轻钢结构暖棚,棚内设蒸汽锅炉满足钢筋模板预热和混凝土养护要求。暖棚应强度高、拆装方便、保温性好,并设有防火防烟气中毒的安全措施。搭设方法详见本手册第 8.5.9 条。

2 混凝土浇筑前,棚内梁体环境温度不低于 10 ℃,模板、钢筋温度不低于 5 ℃。

3 混凝土浇筑。

1）采用混凝土输送泵(地泵)进行混凝土浇筑。暖棚外搭设彩钢防风泵棚,尺寸为长 5 m 宽 2.5 m 高 3 m，留一侧开口便于施工。在泵体料斗、泵管上包裹棉被，采用与结构混凝土同配比的砂浆进行预热。

2）冬期施工应加强来料时间控制，减少现场等待，保证入模温度不低于 5 ℃。记录出料温度、运输时间和入模温度等信息，为拌和站提供温度控制参考。

3）混凝土浇筑采用分层连续的方法，分层厚度宜在 30 ~ 40 cm。缩短每层浇筑的分段长度以减少混凝土散热面。已浇筑的混凝土温度在未被上一层混凝土覆盖前不应低于 2 ℃。

4）冬期施工的混凝土除应按规定制作标准混凝土试件外，应增加与结构同条件养护的施工试件不少于 2 组。

8.5.6 混凝土养护及拆模

1 混凝土养护

1）通过蒸汽锅炉保证棚内温度，并保持梁体环境湿度。利用竹胶板将梁底与其下部空间封闭阻隔，确保蒸汽留在梁体周围。

2）蒸汽养护时混凝土静停环境温度不低于 5 ℃，浇筑结束后 4 ~ 6 h 混凝土终凝后可升温。现浇梁结构表面系数一般小于 6 m^{-1}，其升温速度不得大于 10 ℃/h。恒温养护结束后，降温速度不得大于 5 ℃/h。混凝土养护期间，芯部温度与表面温度、表面温度与环境温度之差均不大于 15 ℃。

3）应根据构件脱模强度、混凝土配合比情况及环境条件等通过实验确定恒温养护时间。

2 模板拆除

1）当混凝土达到《铁路混凝土工程施工技术规程》Q/CR 9207—2017 第 6.10.1 条的强度要求，且混凝土强度在达到设计强度的 60% 后方可拆除侧模，底模在预应力张拉后拆除。

2）外界环境温度在 0 ℃以下时，应待混凝土冷却至 5 ℃以下且混凝土表面与棚内环境的温差不大于 15 ℃后可拆除模板。

8.5.7 监测

1 温度监测

1）混凝土浇筑过程外界温度、工作面温度监测每工作班不少于 4 次。

2）通过自动监控系统对混凝土及环境温湿度进行监测和控制。测温点在梁纵向距端部 2 m 处及跨中位置分3 个截面布置，每个截面在梁顶设 3 处探头，左右侧各1 处、箱梁内模 1 处。棚内温湿度及设备工作情况在控制室内集中显示。

3）所有测温活动均应记录，并按顺序、时间、部位整理成册。

2 暖棚视频监控

暖棚内安装监控摄像头 3 处，通过视频监控掌握施工及养护情况，可适当减少人工巡查频次。

8.5.8 预应力工程张拉、注浆、封锚

1 后张法预应力筋张拉时,梁体强度应符合设计要求,通过同条件混凝土试件强度进行确认。

2 预应力张拉施工环境温度应满足:

1) 预应力筋张拉或放张时,环境温度不低于0 ℃。

2) 注浆时浆体温度应在5 ℃~30 ℃之间,注浆及注浆后3 d内,梁体及环境温度不应低于5 ℃。

3 张拉、压浆等作业和设备布置均安排在暖棚内以满足温度需求。

4 终张拉48 h内进行梁体注浆。可适当增加引气剂,含气量通过试验确定,不宜在压浆剂中使用防冻剂。孔道注浆前对拌和用水储水罐进行加热,水温不低于5 ℃不高于30 ℃。

8.5.9 暖棚搭设

1 梁满堂支架法施工暖棚

1) 墩身高度小于10 m的满堂支架,利用钢架外包彩钢瓦形成暖棚,对梁体和支架整体包裹,采用蒸汽锅炉进行养护。轻钢暖棚应具有结构稳固、抗风保温、施工快、造价低的特点。

2) 暖棚搭设宽度较架体每侧宽出1 m,长度应考虑梁端张拉作业空间,高度高出现浇梁顶面不小于1.5 m,以满足施工为原则。沿纵向每间隔6 m设一榀钢架,钢架立柱为ϕ219×4 mm圆钢管,通过预埋件及高强螺栓与基础固定,基础形式为混凝土杯形基础;采用ϕ48×3.5 mm钢管及ϕ16 mm圆钢焊接成桁架横梁,檩条为40 mm×80 mm×2 mm矩管,屋面向两侧找坡避免积雪;以彩钢单瓦形成屋面和侧墙,屋面每隔5 m设一道1.5 mm厚PVC亮瓦用以采光。

3) 暖棚内采用电蒸汽锅炉保证棚内湿度,并保证梁体环境温度不低于10 ℃。视外界温度及保温情况采用篷布对暖棚覆盖保温,并备用热风机满足保温需要。

4) 加热设备5 m范围内设置消防设施,每跨梁设置一处安全梯笼,安全梯笼置于暖棚外侧,保证发生事故时人员能安全通行。暖棚底部及与爬梯连接处设1.0 m×1.8 m出入口,用棉帘遮盖。

5) 暖棚出入口设专人管理,并应采取防止棚内温度下降或风口处混凝土受冻的措施。

6) 满堂支架单跨现浇箱梁冬期施工设备材料需求见表8.5.9—1,满堂支架暖棚搭设如图8.5.9—1所示。

表8.5.9—1 满堂支架单跨现浇箱梁冬期施工主要材料设备需求表

序号	设备/材料称	单位	规格型号	主要性能	数量	备注
1	立柱圆钢管	m	ϕ219×4 mm	—	596	
2	桁架横梁圆钢管	m	ϕ48×3.5mm	—	441	
3	桁架横梁圆钢	t	HRB400,ϕ16mm	—	0.33	

续表 8.5.9—1

序号	设备/材料称	单位	规格型号	主要性能	数量	备注
4	檩条矩管	m	40 mm×80 mm×2 mm	—	880	
5	屋面彩钢瓦/亮瓦	m^2	—	—	798	
6	侧墙彩钢瓦	m^2	0.326 mm	—	1 100	
7	电热蒸汽锅炉	台	LHD72-0.7	单台:功率72 kW,蒸发量 0.1 t/h,蒸汽温度 171 ℃	2	
8	热 风 机	台	燃油 20 kW	单台:供热面积 200 m^2,柴油,风量 430 m^3/h	1	备用
9	篷 布	m^2	防水、阻燃	防水	1 800	
10	温湿度控制系统	套	—	温湿度监测及设备控制	1	
11	视频监控系	套	—	网络视频监控	1	

注:表中型号、数量为施工经验值,具体应根据现场情况计算确定。材料、设备选型见本手册附录 D。

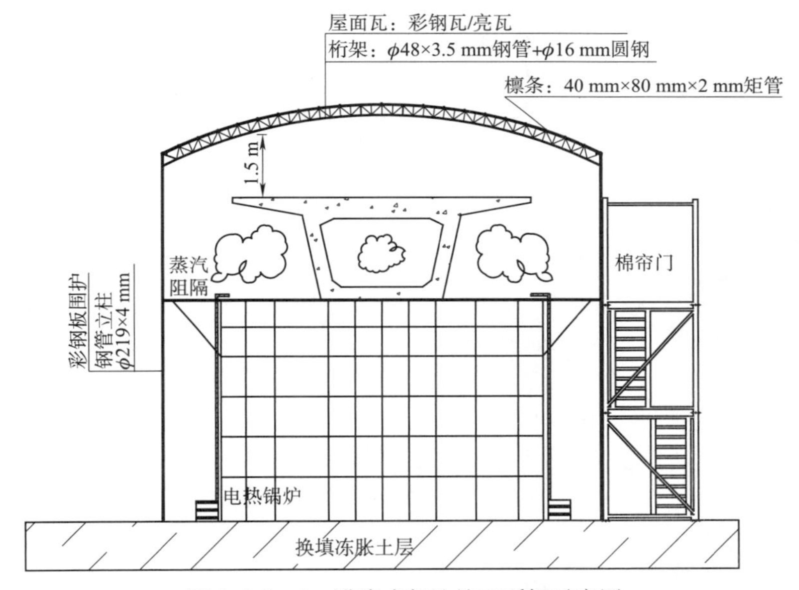

图 8.5.9—1 满堂支架法施工暖棚示意图

2 梁柱式支架法施工暖棚

1) 采用梁柱式支架时,在贝雷架上搭设轻钢暖棚,内设热风机对梁体进行保温养护。

2) 贝雷架横向分布梁上满铺竹胶板,竹胶板外露部分喷 50 厚发泡材料保温;通过钢架外包彩钢瓦形成暖棚,其搭设宽度每侧较梁体宽出 1 m,长度应考虑梁端张拉作业空间,高度高出梁顶面不小于 1.5 m,以满足施工为原则。在竹胶板上梁底宽度范围纵横向铺设 15 cm×15 cm 硬方木支撑梁体,形成隔热层,棚内热风流动可实现梁底保温。

3) 暖棚搭设时,每间隔 6m 设一榀钢架,钢架立柱为 ϕ163×4 mm 圆钢管,与贝雷架分布梁焊接固定;采用 ϕ48×3.5mm 钢管及 ϕ16 mm 钢筋焊接成桁架横梁,檩条为 40 mm×80 mm×2 mm 矩管,屋面向两侧找坡避免积雪;以彩钢单瓦形成屋面和侧墙,屋面每隔 5 m 设一道 1.5 mm 厚 PVC 亮瓦进行采光。

4）暖棚内采用热风机进行保温,根据湿度监测情况洒水保湿。养护、安全等措施参考上述满堂架支架暖棚。

5）梁柱式支架单跨现浇箱梁冬期施工设备材料需求见表 8.5.9—2,梁柱式支架暖棚搭设如图 8.5.9—2 所示。

表 8.5.9—2　梁柱式支架单跨现浇箱梁冬期施工主要设备材料需求表

序号	设备/材料名称	单位	规格型号	主要性能	数量	备注
1	立柱圆钢管	m	ϕ163×4 mm	—	266	
2	桁架横梁圆钢管	m	ϕ48×3.5 mm	—	441	
3	桁架横梁圆钢	t	HRB400,ϕ16 mm	—	0.33	
4	檩条矩管	m	40 mm×80 mm×2 mm	—	880	
5	屋面瓦彩钢瓦/亮瓦	m^2	—	—	798	
6	侧墙彩钢瓦	m^2	0.326 mm	—	446	
7	热 风 机	台	380 V-15 kW	单台:额定功率 15 kW,供热面积 90 m^2,重量 22 kg	5	
8	篷　　布	m^2	防水、阻燃	防水	1 200	
9	温湿度控制系统	套	—	温湿度监测及设备控制	1	
10	视频监控系	套	—	网络视频监控	1	

注:表中数量为施工经验值,具体应根据现场情况计算确定。材料、设备选型见本手册附录 D。

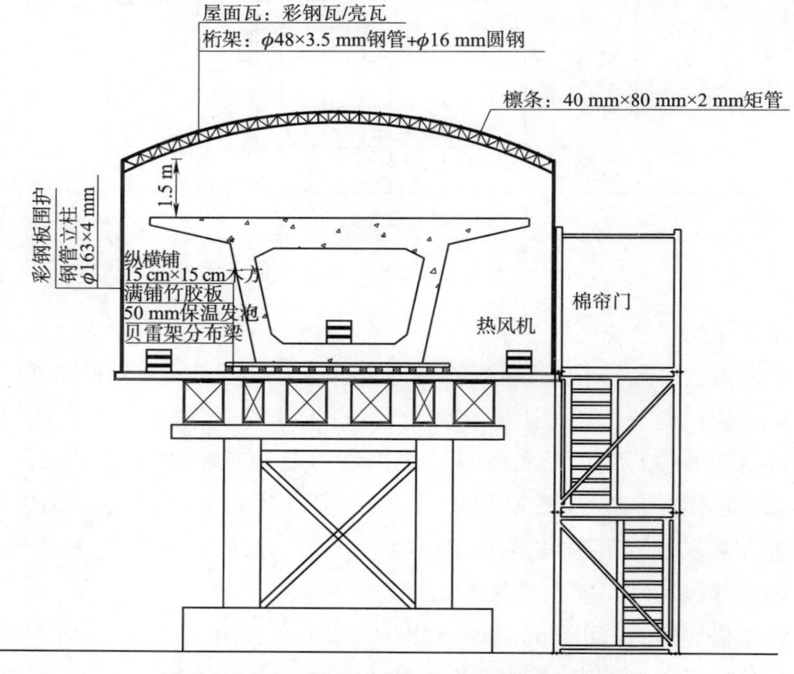

图 8.5.9—2　梁柱式支架法施工暖棚示意图

8.6 预制箱(T)梁架设

8.6.1 一般规定

1 在入冬以前,应对架桥机、运梁车操作人员进行过冬防寒安全教育,做好架桥机、运梁车的防寒准备工作。

2 施工前对运梁通道进行检查,遇有雪天行车时,应对运梁通道进行清扫,防止车轮打滑,必要时可在路面撒砂子、细炉渣等。运梁车停车时,应做好防溜措施。

3 架桥机上所有人员行走场地,在雪后必须清理干净方可进行作业。

4 冬期作业时宜使用对讲机,同时应配备信号旗、信号灯、口笛等,防止对讲机因天气寒冷而失灵。

5 每次动车前,应对机械设备的制动系统进行试验,状态良好后方可运行。

6 架桥机所有作业人员应配备棉安全帽、防滑棉鞋、棉手套,走大臂和墩台作业及高空作业人员应配备安全带。

7 墩台顶面、支承垫石面、预埋锚栓孔内和桥台面的冰雪及杂物应除净,严禁将支座安放在带有薄冰层的垫石上。

8 在梁下宜垫上防滑垫(如胶皮)进行防滑。

9 架桥机作业时,应统一指挥、专人负责。

8.6.2 运、架梁设备正常运转的保证措施

1 运、架设备工作环境温度不应低于 -20 ℃。

2 进入冬期前对所有机械设备做全面的维修和保养,并形成记录。做好油水管理工作,结合机械设备的换季保养,及时更换相应牌号的润滑油、机油、柴油和液压油;对使用防冻液的机械设备确保防冻液符合防冻要求;未使用防冻液的机械设备要采取相应的防冻措施(采取停机后排放冷却水)。确保架桥机、运梁车处于良好状态。

3 对供水、供气管道应认真进行检查,做好保温和维护工作,发现问题及时处理。

4 带有液压系统的施工机械在机械启动后完全达到启动正常温度,才能进行液压系统的试运转,并使液压系统完全供给、压力正常后方可正式投入施工。

8.6.3 支座安装

1 盆式橡胶支座在储存和搬运时,应避免日晒、雨雪浸淋和撞击,严禁与酸、碱、油类及有机溶剂等接触,并应保持清洁和距热源 1 m 以上。钢支座储存和搬运时,应防止潮湿锈蚀和冲撞变形。

2 桥梁支座安装前,应将支承垫石和锚栓孔清理干净,做到无泥土、无浮砂、无积水、无冰雪及无油污,并对支承垫石进行凿毛处理。

3 支座灌浆料在运输和现场存放过程中必须做好保温措施,灌浆料放置室温度应不低于 10 ℃,现场存放时要用暖棚存放,保证温度不低于 10 ℃。

4 支座灌浆料拌用水温度为 30 ℃ ~50 ℃。

5 当环境温度低于 0 ℃,箱梁对位前,用电热毯、电暖风、电热管预热支座,时间不

宜低于 30 min,支座底板加热温度不低于 50 ℃。

6 当环境温度低于 0 ℃,必须对垫石进行预热。灌浆前将螺栓置于螺栓孔中,模板放在支座垫石上,用电暖风进行加热。灌浆前停止加热,基础表面温度控制在 30 ℃左右。

7 对锚栓孔进行慢速升温,升温速度不大于 10 ℃/h。灌浆前 10 ~ 30 min 停止加热,基础表面温度控制在 30 ℃左右。

8 砂浆搅拌

根据环境温度完成拌和水加热及支座预热工序后,进行砂浆搅拌,砂浆搅拌时间 3 ~ 5 min,在保证入模温度 10 ℃的前提下,宜延长搅拌时间至 5 min。

1）先将搅拌机用热水润湿。

2）加入 80% 的水后,将灌浆料投入搅拌机内,启动搅拌机约 90 s,再加入剩余 20% 的水进行搅拌。

3）将搅拌好的灌浆料倒入盛浆桶,振动 30 s 排出内部气体,检测灌浆料出机温度及流动度是否符合要求:流动度≥320 mm,温度达到 10 ℃以上。

9 砂浆灌注

1）检测合格后的灌浆料经漏斗灌入锚栓孔和支座底板。每个支座灌浆施工宜控制在 10 min 内完成。

2）搅拌和灌浆应尽可能连续进行,以免热量大量散失。

10 砂浆养护

1）加热保温:在灌浆结束后用棉被将支座四周包裹,预留暖风机缺口。随后用暖风机加热,暖风机加热时间120 min以上;加热期间观察砂浆表面是否湿润,如干燥喷洒养护剂。支座砂浆保温养护如图 8. 6. 3 所示。

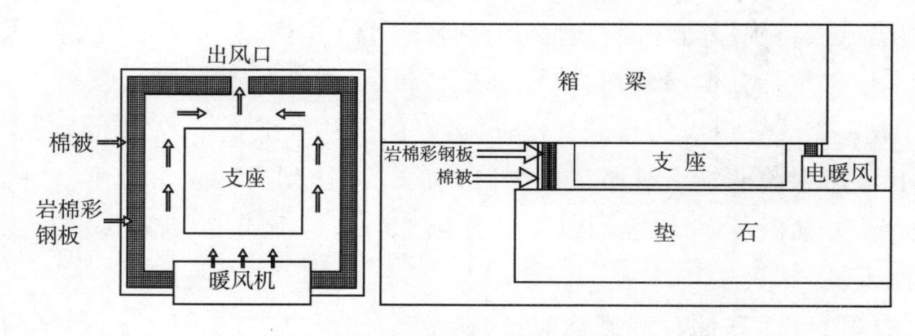

图 8. 6. 3　支座砂浆保温养护

2）同条件试件检测:在梁面制作试验块,在暖棚中用暖风机加热、养护,加热养护 120 min 后,检测试块强度。当试块抗压强度达到设计强度的 70% 后,可以停止支座砂浆的暖风机加热,强度不达标则延长加热养护时间。

3）养护:暖风机撤出后,在砂浆表面喷涂养护剂并覆盖保鲜膜,最后用棉被覆盖,养护时间 3 d。

11 灌浆料质量控制

1）应设专人负责监控测温,保证施工过程中灌浆料、灌浆环境温度大于 5 ℃。浇筑完成保温过程中,每0.5 h进行一次测温监控,确保养护温度在5 ℃~20 ℃之间。

2)2 h后检测抗压强度是否达到20 MPa,作为架梁跨孔的依据。必须在强度达到20 MPa后,方可拆除临时千斤顶进行跨孔施工。

3)拆除加热防护设施时严格控制降温速度不大于10 ℃/h,可采取逐步拆除保温防护装置、继续包裹棉被等措施,防止支座灌浆料实体由高温突降至低温。

12 当环境温度低于-10 ℃时,为了补偿拌和物(浆料)在搅拌、输送过程中的热量损失,需要提高拌和物的初始温度,同时为了尽快利用水泥水化反应产生的热量维持浆料的温度,应缩短灌浆料的浇筑时间。从加水开始,保证在15 min内完成灌浆。

13 支座砂浆冬期施工主要物资设备见表8.6.3。

表8.6.3 支座砂浆冬期施工主要设备物资需求表

序号	设备/材料名称	单位	规格型号	主要性能	数量	备注
1	热风机	台	220 V-2 kW	—	4/榀	
2	阻燃棉被	m^2	3 cm厚	外部采用三防布,内部为岩棉或玻璃棉,导热系数低于0.04	覆盖表面积乘1.3系数	
3	岩棉彩钢板	m^2	5 cm厚	—	—	

8.6.4 架梁施工时采取措施

1 墩台顶面、支承垫石面上和预埋锚栓孔内的冰雪及杂物应除尽,严禁将支座安放在带有薄冰层的垫石上。

2 脚手板应有防滑设备。

3 浇筑锚栓孔砂浆或细石混凝土和横隔板混凝土时,应按冬期施工有关规定施工。

4 机械使用的各种油料和防冻液,应符合冬期施工要求。

5 应检查起升钢丝绳润滑情况。

6 气温在-20 ℃及以下时,不宜架梁。

8.6.5 湿接缝及横向连接施工

1 湿接缝及横向连接混凝土施工应避开雨雪天气,尽可能安排在白天温度较高的10时~16时之间进行。湿接缝及横向连接混凝土采用蓄热法和电加热法进行养护。混凝土入模温度不得低于5 ℃。混凝土振捣应快速,保证混凝土的均匀性和密实性。

2 当温度过低焊接时,可采用篷布等进行防雪防风保温措施,焊接后的接头严禁立即接触冰雪,当气温低于-20 ℃时停止施工。

3 应加强低于0 ℃条件下使用的钢筋检验。钢筋在运输和加工过程中应防止撞击和刻痕。钢筋施工应执行本手册第5.3节规定。

4 混凝土灌注。

1)混凝土浇筑前,应先清除混凝土浇筑范围内的冰雪、污垢、冻块。

2)根据现场实际情况,在混凝土浇筑前,应采取在纵向湿接缝模板上面进行覆盖棉被、提前对模板进行预热等保温措施,保证模板温度不低于5 ℃,严禁在寒流(大风、大雪)情况下施工。

5 混凝土养护。

混凝土浇筑完毕后,湿接缝上部混凝土应立即用帆布、棉被、塑料布等进行覆盖,梁箱内用电暖风、电暖器等进行加热。在混凝土强度达到设计强度的60%后方可撤除保温设施。

6 湿接缝的保温措施。

1) 湿接缝采用在模板下方安装80 mm厚聚苯乙烯泡沫塑料板进行封闭保温,再安装一层薄铁皮对泡沫塑料板进行保护。混凝土浇筑完毕后,采用覆盖一层塑料布在顶面进行保湿,再覆盖两层棉被进行保温,最后在外面包裹帆布隔风进行养生,帆布两侧用5 cm×10 cm方木压实。棉被搭接长度不小于20 cm,帆布搭接不小于50 cm,如图8.6.5—1所示。

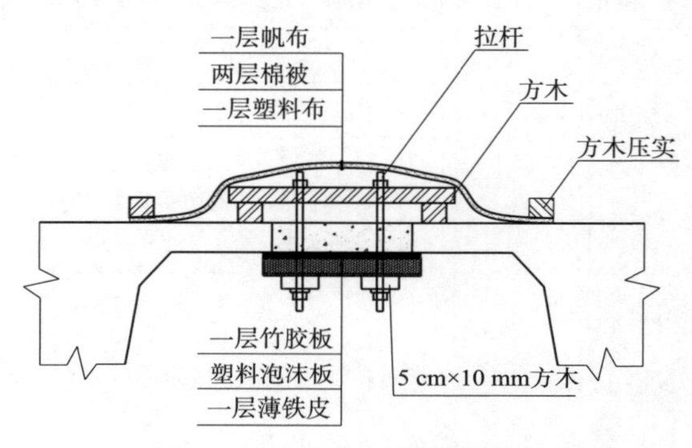

图8.6.5—1 湿接缝保温措施

2) 梁底保温:采取在梁底吊挂棉被,封闭两片梁之间的空间的保温措施。棉被包裹在预先做好的框架上,框架采用5 cm×10 cm方木进行制作,每个框架长4 m、宽1.6 m,每隔2 m加一道横肋,用一寸钢钉将棉被固定在框架上,最后在棉被外再包裹一层塑料布,如图8.6.5—2所示。

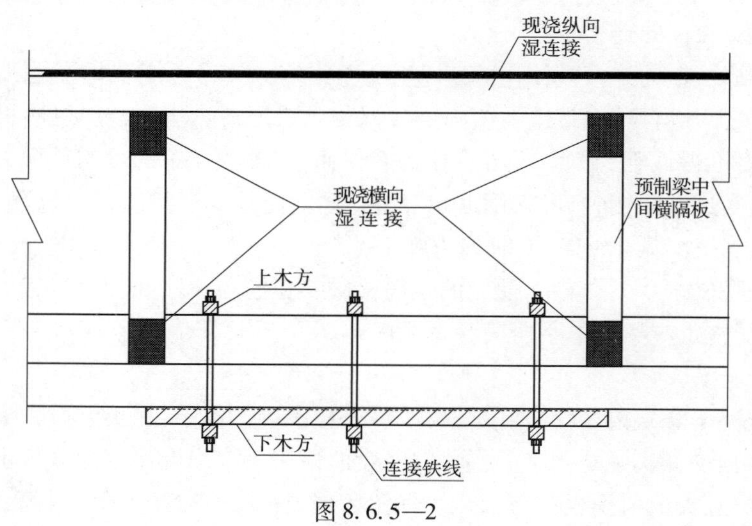

图8.6.5—2

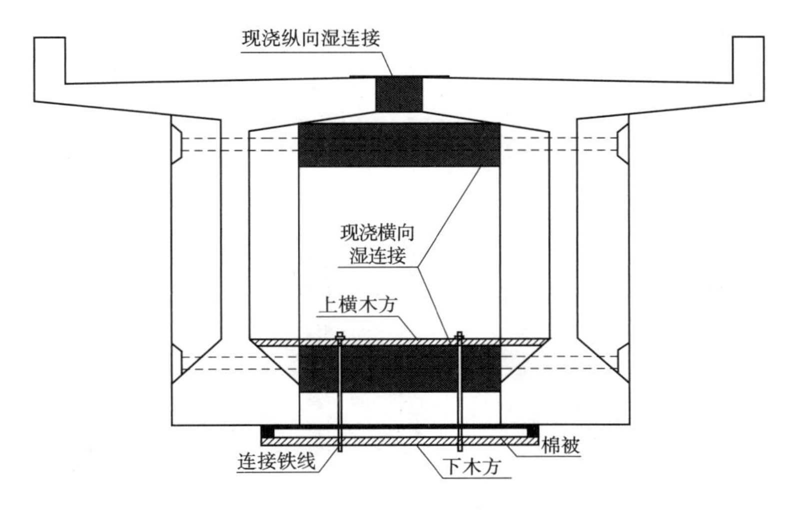

图 8.6.5—2　梁底保温

安装框架棉被时，作业人员在两梁之间已搭的作业平台上操作，框架棉被统一由地面进行吊装，吊装至梁底后，统一采用 10 号铁线将其固定在两梁中间预先放置好的横向方木上，横向采用 5 cm × 10 cm 方木。每个框架分为 6 个吊点，两侧肋及中间肋分别两个吊点。安装时逐块安装，接缝处可用塑料胶布进行黏结，防止热量散失。

3）梁端保温：梁端用棉门帘进行悬挂封堵，两孔梁间用方木将棉门帘挤紧加固，防止坠落，下部由作业人员将其放置在墩帽上，并将其覆盖严实，如图 8.6.5—3 所示。

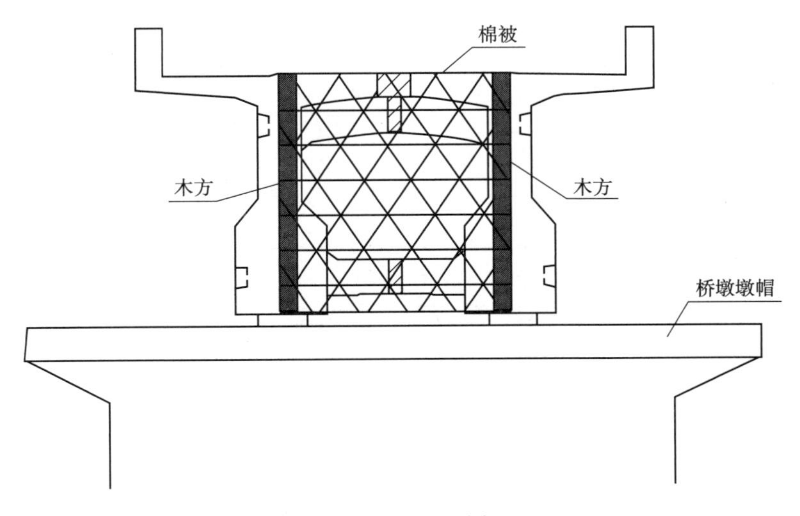

图 8.6.5—3　梁端保温

7　横向连接的保温措施。

横隔板在支模的过程中，在模板外侧安装 80 mm 厚塑料泡沫板进行封闭保温，再安装一层薄铁皮对泡沫塑料板进行保护。混凝土浇筑完毕后顶部覆盖一层塑料布,然后覆盖一层棉被进行保温,最后在外面包裹一层帆布隔风进行养生,如图8.6.5—4所示。

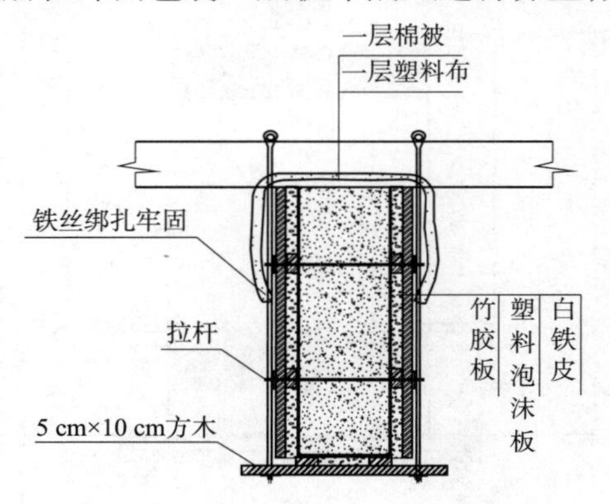

图8.6.5—4　横向连接保温

8　湿接缝及横向连接冬期施工主要设备物资见表8.6.5。

表8.6.5　湿接缝及横向连接冬期施工主要设备物资表

序号	设备/材料名称	单位	规格型号	主要性能	数量	备注
1	热风机	台	220 V-2 000 W	—	4/片	
2	发电机	台	10 kW	—	4	
3	薄铁皮	m^2	—	—	覆盖表面积乘1.3系数	
4	阻燃棉被	m^2	3 cm厚	外部采用三防布,内部为岩棉或玻璃棉,导热系数于0.4	覆盖表面积乘1.3系数	
5	塑料布	卷	—	—	覆盖表面积乘1.3系数	
6	塑料泡沫板	m^2	8 cm厚	—	—	
7	帆布	m^2	—	—	覆盖表面积乘1.5系数	
8	方木	5 cm×10 cm	—	—	—	

8.7　桥　面　系

8.7.1　一般规定

1　适用于铁路箱梁桥面系冬期施工。

2　铺设防水材料前应清除桥面的冰雪、浮浆和各类杂物,并确保防水层与桥面结合面干净、干燥。

3　环境温度气温低于5 ℃时不得铺贴防水卷材及涂刷聚氨酯涂料,气温超出其温度范围应采取相应措施;喷涂后4 h或涂刷后12 h内应采取措施防止霜冻、雨淋。防水层完全干固后,方可浇筑保护层。防水层施工完成后应及时进行保护层施工。

4 防水材料进场后,应存放于通风、干燥的暖棚内,并严禁接近火源和热源。棚内温度不宜低于5 ℃。

5 混凝土浇筑及养护按本手册第8.3.2条执行。

8.7.2 防水层及保护层

防水层及保护层冬期施工采用搭设暖棚保温,棚内设加热设备进行加热养护。

1 冬期防水层及保护层工艺流程如图8.7.2—1所示。

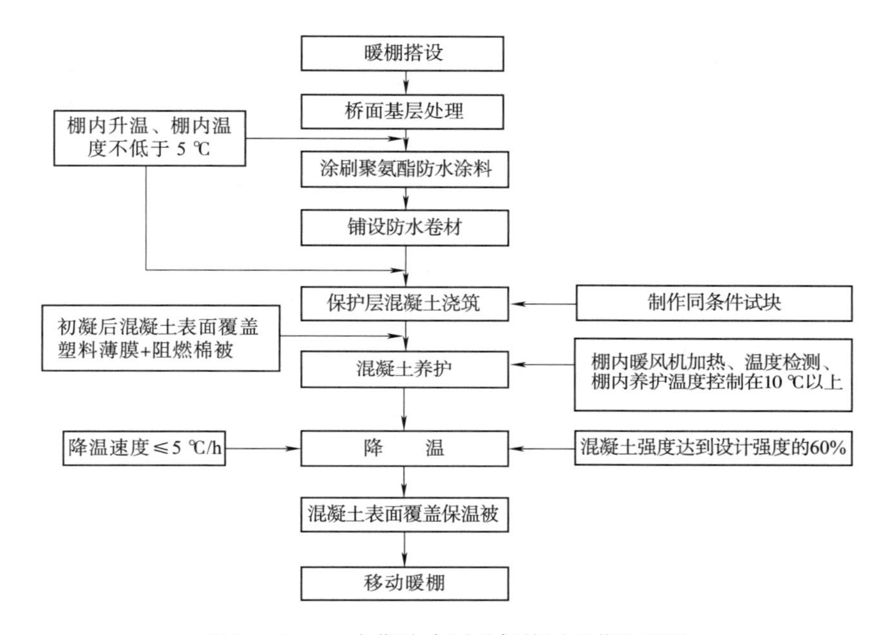

图8.7.2—1 冬期防水层及保护层工艺流程图

2 暖棚法施工。

1）保护层及防水层暖棚骨架采用钢管脚手架或型钢(方管)搭设,暖棚安装在挡砟墙外侧,棚下安装滚轮,可以顺桥方向移动,搭设高度为1.5 m,并利用滚轮移动到下一孔梁面进行周转,为便于移动及方便施工,每节暖棚长不宜超过15 m。

2）骨架四周及顶部采用篷布外加3 cm厚阻燃棉被全封闭包裹,每块阻燃棉被沿着长度方向横桥向铺设,顺桥向搭接棉被,搭接长度为50 cm,用铅丝绑扎严实。为保证暖棚密实、稳固,将阻燃棉被和篷布采用铅丝紧固在支架外侧,底部紧贴基面采用沙袋压实,防止漏风。并顺桥向每隔4 m用麻绳从侧面至棚顶抱箍箍紧,确保保温层不被大风掀起,以保证暖棚的封闭性。

3）保证暖棚支架稳定及不被风掀起,在暖棚底部利用挡砟墙泄水孔插入钢管连接进行固定,并应用缆风绳对支架四角及两侧进行固定,缆风绳与支架立面角度为45°~60°,锚固在外侧竖墙预留钢筋上,并根据暖棚支架长度不同,考虑风荷载计算,相应增加缆风绳数量。暖棚搭设布置如图8.7.2—2所示。

4）防水层及混凝土浇筑施工前须对棚内进行预热,当棚内温度提升到10 ℃以上

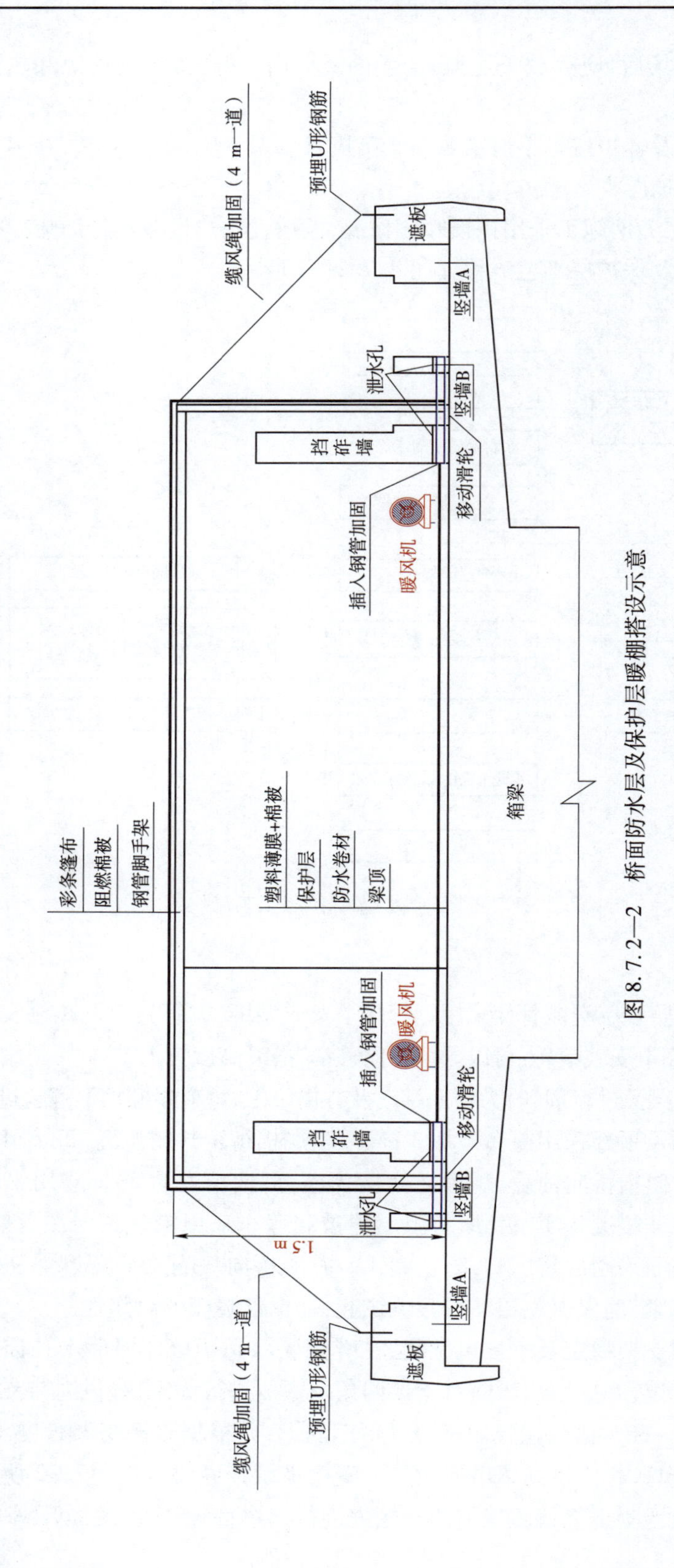

图 8.7.2—2　桥面防水层及保护层暖棚搭设示意

后,方可施工。混凝土浇筑时顺桥向一端或顶部暂不封闭(采用泵车时上部留浇筑孔),待浇筑完毕后及时封闭顶部或端部,混凝土初凝后立即采用塑料薄膜覆盖再敷设一层棉被蓄热。

5) 棚内两端设热风机进行加热,加热设备数量通过热工计算确定,保证棚内温度控制在 10 ℃上下。热工计算方法详见本手册附录 A。

4 防水层及保护层冬期施工主要加热设备及物资表见表 8.7.2。

表 8.7.2 防水层及保护层冬期施工主要加热设备及物资表

序号	设备/材料名称	单位	规格型号	主要性能	数量	备注
1	热风机	台	380 V-50 kW	单台:供热面积 350 m^2,风量 1 000 m^3/h	2	单线一孔
2	架管(暖棚骨架)	m	48 mm×3.5 mm	—	1 500	单线一孔
3	阻燃棉被(暖棚骨架)	m^2	3 cm 厚	外部采用三防布,内部为岩棉或玻璃棉,导热系数低于 0.04	400	单线一孔
4	塑料薄膜	m^2	9 s	厚度 0.09 mm	220	单线一孔
5	聚乙烯彩条篷布	m^2	双面覆膜 100 g/m^2	厚度 0.15 mm 以上,幅宽不小于 6 m	450	单线一孔

注:表中数量为施工经验值,具体应根据现场情况计算确定。

8.7.3 防护墙、竖墙、接触网基础施工

防护墙、竖墙、接触网基础冬期施工采用搭设暖棚保温,棚内设加热设备进行加热养护。

1 工艺流程如图 8.7.3—1 所示。

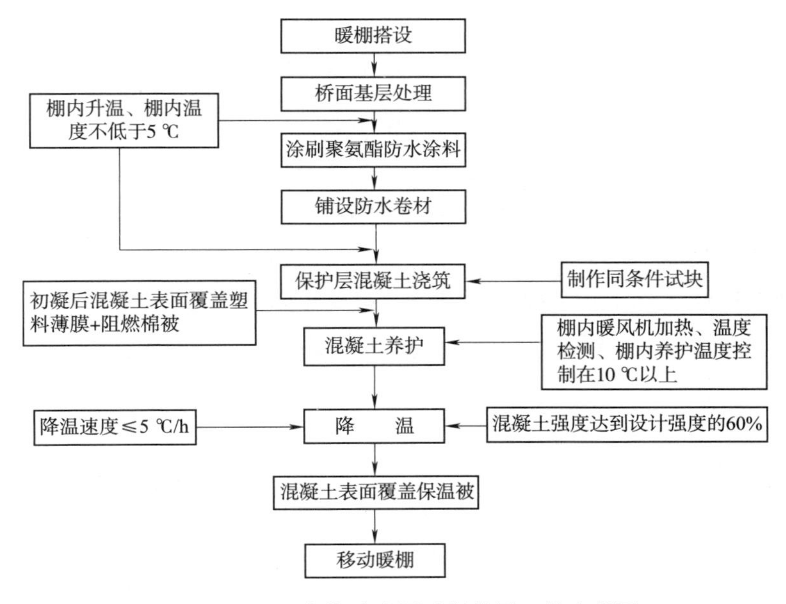

图 8.7.3—1 冬期防水层及保护层工艺流程图

2 暖棚法施工。

1）防护墙、竖墙、接触网基础暖棚骨架采用钢管脚手架或型钢(方管)搭设,暖棚以遮板中心及挡砟墙模板外侧为轮廓线整片梁单边搭建,搭设高度为 1.5 m,宽度满足模板支撑及作业空间,棚下安装滚轮,可以顺桥方向移动,并利用滚轮移动到下一孔梁面进行周转,为便于移动及方便施工,每节暖棚长不宜超过 15 m。

2）暖棚骨架保温层做法参照保护层暖棚法。

3）保证暖棚支架稳定及不被风掀起,暖棚内采用钢管斜支撑每 3 m 加固一道,暖棚管架与挡砟墙及 A 竖墙钢筋采用铁线拉紧,并根据暖棚支架长度不同,考虑风荷载计算,相应增加支撑数量。暖棚搭设布置如图 8.7.3—2 所示。

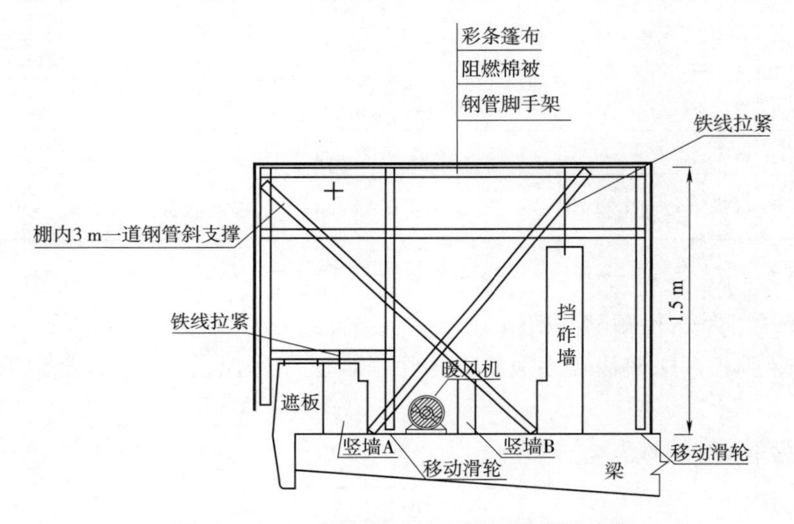

图 8.7.3—2　桥面挡砟墙竖墙暖棚搭设示意

4）混凝土浇筑施工前需对棚内进行预热,当棚内温度提升到 10 ℃以上后,方可施工。混凝土浇筑时只掀开浇筑段侧面及上口篷布,不得一次全部掀开,掀开一段浇筑一段,浇筑完一段及时对棚顶面覆盖并固定。混凝土初凝后混凝土表面立即采用塑料薄膜覆盖再敷设一层棉被蓄热。

3 挡砟墙竖墙冬期施工主要加热设备及物资见表 8.7.3。

表 8.7.3　挡砟墙竖墙冬期施工主要加热设备及物资表

序号	设备/材料名称	单位	规格型号	主要性能	数量	备　注
1	热风机	台	380 V-50 kW	单台:供热面积350 m^2,风量1 000 m^3/h	1	单孔单侧
2	架管(暖棚骨架)	m	48 mm×3.5 mm	—	1 000	单孔单侧
3	阻燃棉被	m^2	3 cm 厚	外部采用三防布,内部为岩棉或玻璃棉,导热系数低于 0.04	250	单孔单侧

续表 8.7.3

序号	设备/材料名称	单位	规格型号	主要性能	数量	备注
4	塑料薄膜	m^2	9 s	厚度 0.09 mm	40	单孔单侧
5	聚乙烯彩条篷布	m^2	双面覆膜 100 g/m^2	厚度 0.15 mm 以上，幅宽不小于 6 m	250	单孔单侧

注：表中数量为施工经验值，具体应根据现场情况计算确定。

8.8 涵 洞

8.8.1 一般规定

1 冬期施工使用的钢筋、混凝土等工程参照承台、墩台冬期施工相关规定执行。

2 较长的涵洞应分段浇筑，待底板混凝土强度达到设计强度的 60% 后方可施工边墙和顶板混凝土；边墙和顶板宜一次浇筑。

3 冬期施工涵背回填必须保证混凝土结构强度达到设计强度，且防水层施工完毕检验合格后方可进行，填筑材料应符合设计要求，分层碾压填筑，并覆盖草垫防冻，涵洞与路基过渡段冬期施工填筑要求参照本手册路基过渡段相关规定执行。

4 盖板涵盖板采用预制吊装的施工方法，盖板在具有保暖设施的预制厂集中预制，汽车运输至现场，汽车吊装就位。涵身强度达到设计强度的 70% 以上方可安装盖板。

5 防水层及保护层冬期施工相关规定应符合本手册第 8.7 节规定。

6 混凝土养护温度的检测参照承台、墩台混凝土养护温度的检测相关规定执行。其中底板及顶板测温孔四周及中心位置设置不少于 5 个，每个边中墙上下各设置 1 个测温孔。

7 混凝土养护根据不同环境温度分别采用蓄热法、暖棚法和电加热法。

8 冬期施工框架涵施工工艺流程，如图 8.8.1 所示。

8.8.2 基坑开挖

基坑开挖时尽可能减少挖掘机间断开挖的时间，减少冻土施工。冻土开挖采用大型挖掘机破碎头破冻土层，再用挖机清理破碎的冻土，开挖到基底时及时采用草帘进行覆盖，防止基底受冻。

8.8.3 基底换填

1 基底换填完后应采取草帘覆盖措施进行保温。

2 换填深度及材料应符合设计及规范要求。宜采用碎石类填料进行换填，应采用未风化的干净砾石或碎石，最大粒径不得大于50 mm，含泥量不得大于 5%；填料中不得含有草根、垃圾、冻块等杂质。

8.8.4 基础及底板

1 基础混凝土采用蓄热法 + 电热毯加热法进行养护。具体保温措施为模板安装完成后用棉篷布封闭顶面，与四周模板封闭，模内安放热风机预热，确保浇筑前模内温度达到 5 ℃以上。混凝土浇筑完毕后，顶部及四周覆盖塑料薄膜 + 电热毯 + 阻燃棉被进行保温。涵洞基础保温布置如图 8.8.4—1 所示。

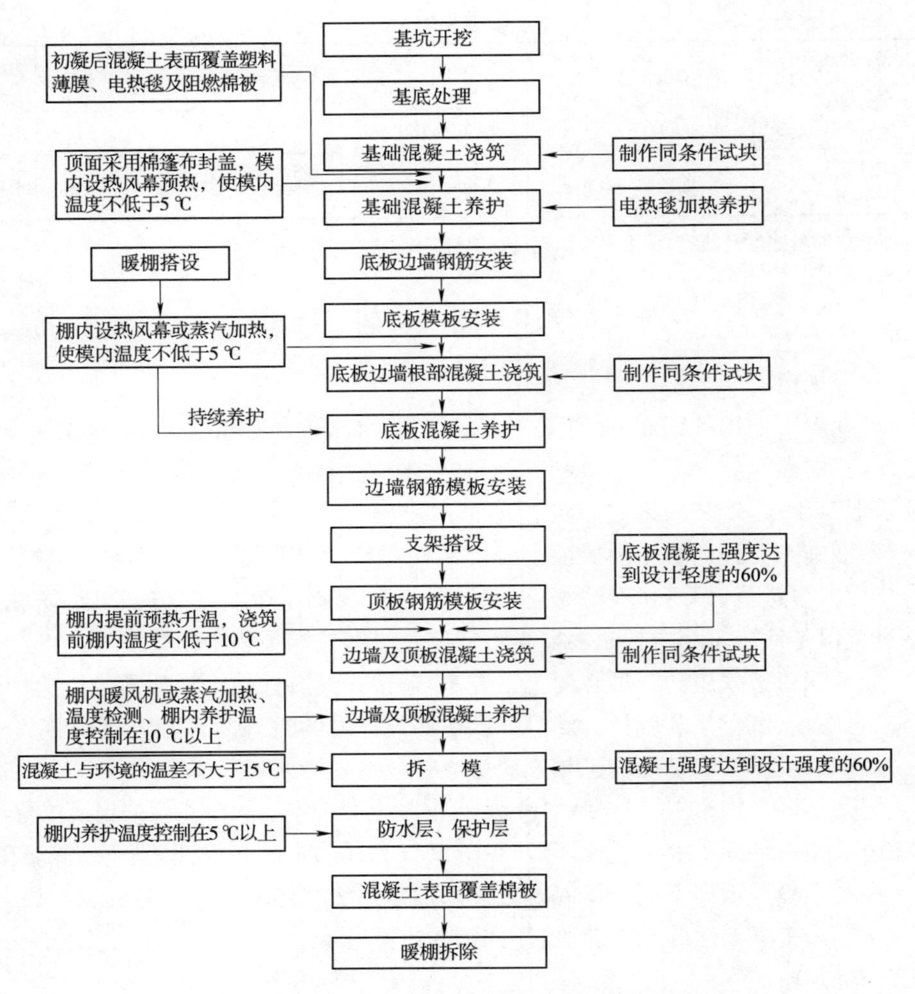

图 8. 8. 1　冬期施工框架涵施工工艺流程

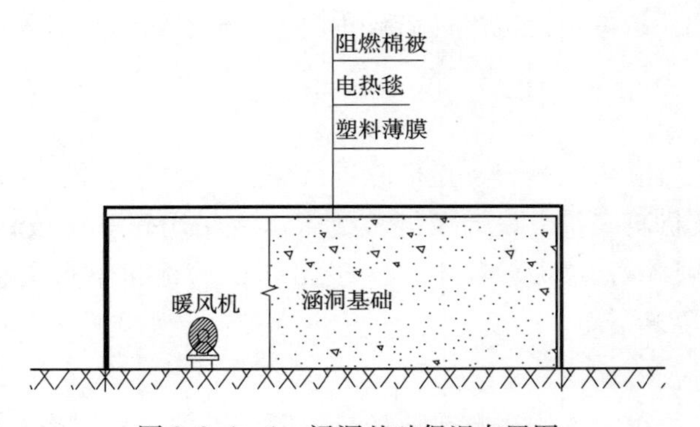

图 8. 8. 4—1　涵洞基础保温布置图

2　框架涵基础及底板采用搭设暖棚养护。利用边墙施工外脚手架作为暖棚骨架，宽度及高度以满足设备放置及施工人员作业为准。暖棚骨架顶部及四周采用棉篷布 +

彩条布全封闭，混凝土浇筑完毕后混凝土表面覆盖塑料薄膜布＋保温被进行保温。暖棚内采用热风机供暖，保证暖棚内温度不应低于5 ℃。为防止棚内干热导致混凝土表面产生裂缝，需保持混凝土表面湿润。框架涵底板暖棚布置如图8.8.4—2所示。

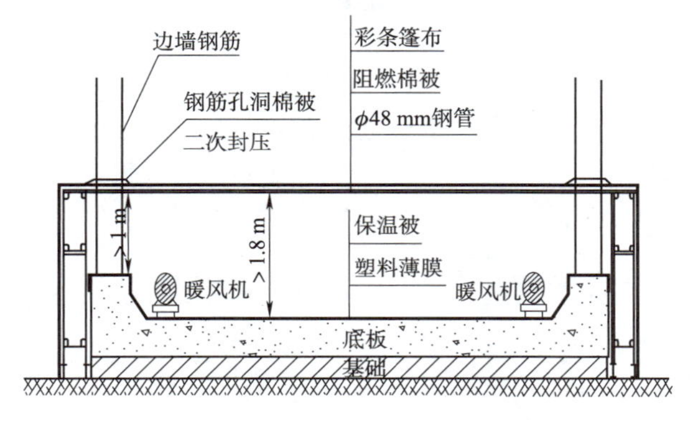

图8.8.4—2　框架涵底板暖棚布置图

8.8.5　涵身、框架涵（桥）边墙及顶板

1　盖板涵涵身、框架桥（涵）边墙及顶板混凝土采用暖棚法施工，棚内采用蒸汽锅炉蒸汽养生和热风机养生。涵洞及跨径不大于20 m的单孔框架桥暖棚支架采用钢管脚手架，多孔跨径总长超过20 m的框架桥需对暖棚支架进行专项设计及验算。

2　框架桥（涵）利用施工外脚手架作为暖棚的侧骨架，框架桥暖棚屋架采用I12工字钢做横梁，上方纵向铺设直径48 mm钢管做骨架，涵洞暖棚屋架则全部采用钢管架做骨架，暖棚搭设高度距顶板不小于1.8 m，骨架外部铺设一层彩条布及一层30 mm厚保温被做保温层，棉被使用系带连接，搭接长度不小于0.2 m，须保证棉篷布与钢管包裹牢固，采用铅丝紧固棉篷布和彩条布在支架外侧。防止底部漏风，四周的保温被和彩条布底部紧贴地面用沙袋固定。为防止倾覆，暖棚的四周均需加设坚固的缆风绳。在一端设置一个出入口，方便测温及维护人员进出。框架桥（涵）边墙及顶板暖棚布置示意如图8.8.5所示。

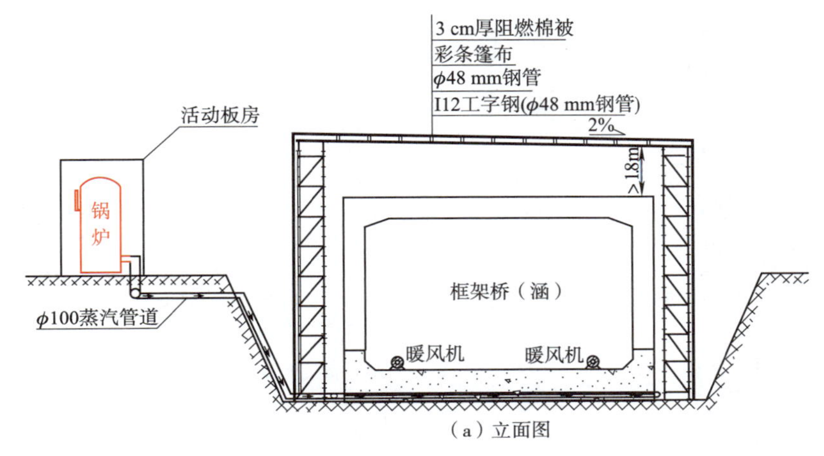

（a）立面图

图　8.8.5

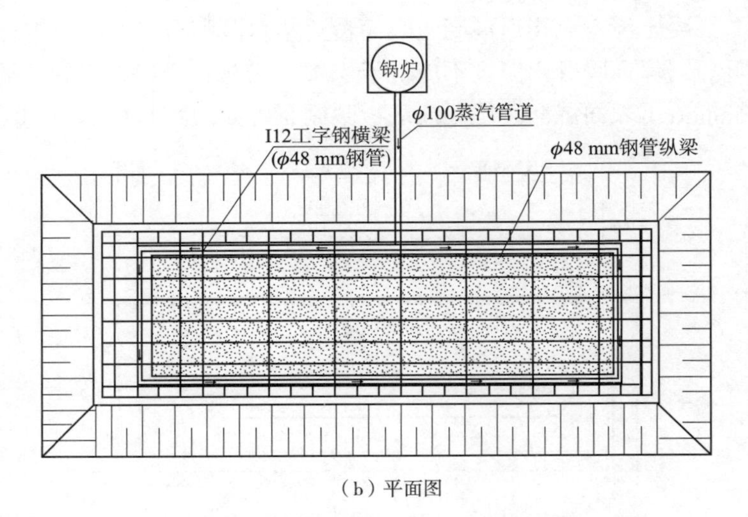

（b）平面图

图 8.8.5　框架桥(涵)边墙及顶板暖棚布置示意图

3　混凝土浇筑施工前需对棚内进行预热，当棚内温度提升到 5 ℃以上后，方可施工。在浇筑过程中，棚顶不掀开，只预留几个灌注孔(具体数量根据现场实际情况设置)，将泵送软管放入棚内，人工拉动软管进行混凝土施工。混凝土初凝后立即采用塑料薄膜覆盖混凝土表面并敷设一层棉被蓄热。浇筑完毕后，用篷布封闭暖棚顶部浇筑孔，封闭后采用蒸汽锅炉蒸汽养生或热风机养生。

4　蒸汽锅炉应放置在彩钢房内，设专人进行管理，保证蒸汽锅炉正常有效运行、禁止无关人员进出。应提前对蒸汽锅炉进行检测，做好安全防护措施。外侧管道应采用保温棉进行包裹，减少热量散失。

5　框架桥(涵)冬期施工主要加热设备及物资见表 8.8.5。

表 8.8.5　框架桥(涵)冬期施工主要加热设备及物资表

序号	设备/材料名称	单位	规格型号	主要性能	数量	备　注
1	热风机	台	380 V-50 kW	单台:供热面积 350 m^2,风量 1 000 m^3/h	>4	涵洞
2	蒸汽锅炉	台	LHD144-0.7	电加热功率144 kW,额定蒸发量200 kg/h,额定压力 0.7 MPa	1	小桥
3	工字钢	m	120 mm×74 mm×5 mm	—	—	暖棚骨架
4	架管	m	48 mm×3.5 mm	—	—	
5	阻燃棉被	m^2	3 cm 厚	外部采用三防布,内部为岩棉或玻璃棉,导热系数低于 0.04	覆盖面积×1.3	暖棚骨架
6	塑料薄膜	m^2	9 s	厚度 0.09 mm	覆盖面积×1.3	
7	聚乙烯彩条篷布	m^2	双面覆膜 100 g/m^2	厚度 0.15 mm 以上,幅宽不小于 6 m	覆盖面积×1.3	

续表 8.8.5

序号	设备/材料名称	单位	规格型号	主要性能	数量	备注
8	聚苯乙烯板	m^2	50 mm	导热系数 0.035，抗压强度 250 kPa	覆盖面积×1.2	基础侧模板外
9	岩　棉	m^2	不小于1 cm厚		包裹面积×1.3	包裹管道设备

注：表中数量为施工经验值，具体应根据现场情况计算确定。

9 轨道工程

9.1 一般规定

9.1.1 无缝道岔与相邻无缝线路锁定焊联应在设计锁定轨温范围内进行，且与相邻单元轨节的锁定轨温差不应大于5 ℃。

9.1.2 道岔内焊接宜在设计锁定轨温范围内进行。

9.1.3 工地钢轨焊接宜采用移动式闪光焊接或移动式气压焊接。道岔内及两端钢轨接头宜采用铝热焊。

9.1.4 环境温度低于0 ℃时不应进行工地钢轨焊接。恶劣天气焊接时应采取防护措施。

9.2 道　床

9.2.1 有砟道床

1 存放道砟场地进行硬化，周边设置排水设施。存放的道砟应保持干燥，雨雪天气及时覆盖，避免雨雪飘落后形成冻块。

2 营业线施工时道床冻结的，至少提前3 d喷洒热盐水解冻道床。

9.2.2 无砟道床

无砟道床不宜在5 ℃以下施工。

9.3 硫磺锚固

9.3.1 为防止硫磺锚固灌浆时道钉周围过快冷却收缩，影响道钉的抗拔力，不宜在0 ℃以下进行硫磺锚固施工，需施工应制定相关措施。

9.3.2 在大雪、大风等极端天气下不宜进行施工作业。

9.3.3 硫磺锚固施工应根据当地气候、气温条件情况，设计多个锚固剂配合比，经过低温下抗压试验后选用最合适的配合比。施工前应先进行工艺性试验，待抗拔试验全部通过后再进行锚固施工。

9.3.4 具备条件的，应在保温棚内集中进行锚固作业。施工现场进行熔浆作业时，宜搭建防雨雪作业棚。在熔浆加热过程中，注意火力控制，熔制的锚固浆温度不得大于180 ℃，熔浆在锅里的温度不能低于130 ℃，同时要经常搅拌，使浆液均匀。

9.3.5 锚固前道钉需保持干燥、无黏附物，轨枕锚固孔内无积雪、杂质，灌浆深度不小于130 mm，预留孔底部应堵塞紧密，严防漏浆。灌浆前对轨枕和道钉进行预热，防止锚浆与轨枕、道钉的温差过大影响黏结而降低道钉抗拔力。轨枕和道钉预热时，时间不宜过早、过长，应当根据灌浆的进度，选择适当时间进行。灌浆后个别不饱满的应补浆，溢出的残渣凝固后铲除整平。道钉应提前放置在常温环境下24 h。

9.4 钢轨焊接

9.4.1 一般规定

1 施工前应调查当地气候资料,收集轨温实测资料,掌握轨温变化规律,合理安排施工。

2 施工前对设备进行检查,做好设备的冬期施工防护,对机械重要部位采取保温措施。

3 恶劣天气进行钢轨焊接时应采取防护措施,可采用绝缘材料遮蔽棚。

4 无缝道岔钢轨接头焊接环境温度不能低于 0 ℃,岔头岔尾接头焊接应在设计锁定轨温范围内进行。

5 施工前需将轨缝处附近的冰雪清除干净,施焊前钢轨被雨雪沾湿的,应将钢轨烘干后再打磨。

6 冬期施工钢轨铝热焊接工艺流程如图 9.4.1 所示。

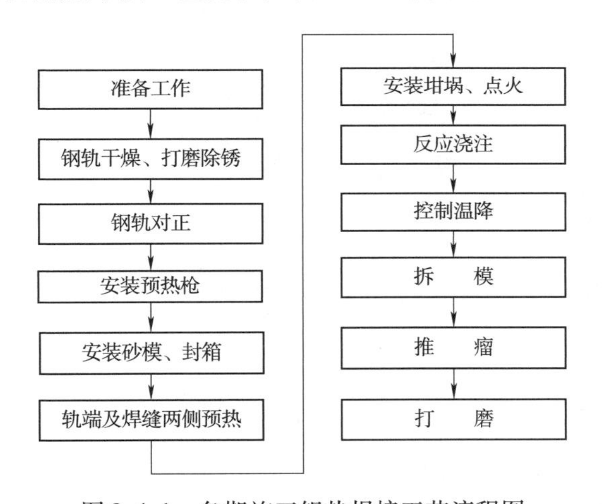

图 9.4.1 冬期施工铝热焊接工艺流程图

9.4.2 钢轨铝热焊接

1 当气温低于 10 ℃时,焊接前用火焰预热轨段不少于 0.4 m 长度范围,预热温度应均匀,钢轨表面预热升温为 35 ℃ ~50 ℃方可进行焊接。

2 冬期钢轨铝热焊接可采用温度补偿法进行施工,温度补偿法采用加热枪对焊缝两侧钢轨进行加热,减缓焊缝冷却速度。关键工艺为:在焊缝两侧各 1 m 范围内每 250 mm 处做一个标记,并按此进行温度跟踪。标记点 1、2、3、4 的温降速度控制在 5 ℃/min、10 ℃/min、30 ℃/min、70 ℃/min 以内。此过程一直延续到冷打磨阶段。

3 使用专用加热枪对钢轨两侧进行加热过程中,加热枪要做纵向位移,确保加热的均匀,然后要对钢轨的两侧面进行加热,保证钢轨温度均匀在 50 ℃ ~60 ℃,直到焊接完成。

4 施焊后对焊缝采取保温措施,防止因温度骤降而产生缺陷。可用彩钢板弯制保温罩,内填阻燃保温棉。

9.5 胶接绝缘接头施工

9.5.1 一般规定

1 胶接绝缘接头施工宜在设计锁定轨温范围内进行。如未在设计轨温内,可采用拉伸钢轨进行放散锁定,施工前应进行钢轨预热,以满足施工条件。

2 环境温度低于0 ℃时不宜进行钢轨胶接绝缘接头施工。

3 施工前应打磨钢轨,对轨端范围内进行除锈,粘接表面完全露出金属光泽。施工前如有雨雪天气,需将此区域钢轨烘干后再打磨。

4 作业时通过多点平行作业,缩短胶结绝缘接头的施工时间。

5 胶接绝缘接头施工工艺流程图如9.5.1所示。

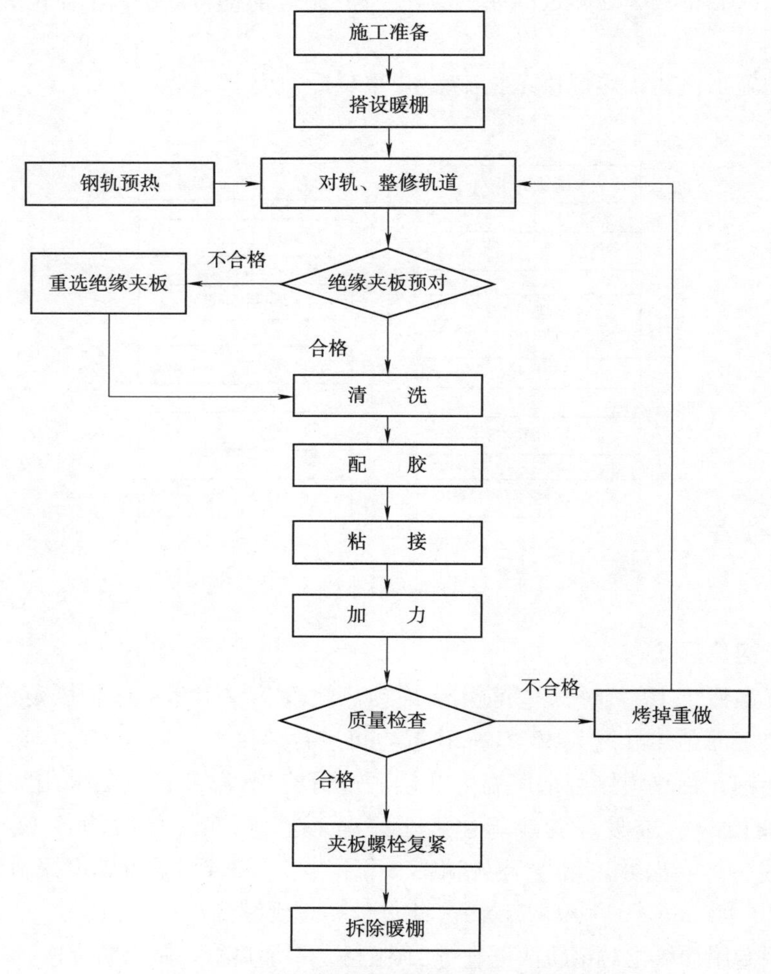

图9.5.1　钢轨胶接绝缘接头施工工艺流程图

9.5.2 胶接绝缘接头暖棚法施工

1 冬期胶接绝缘接头施工可采用暖棚法,暖棚以两台小型平板轨道车为基础,使用

48 mm×3.5 mm 钢管架连接小车并搭设暖棚骨架,双层棉被包裹覆盖,用道砟压边以增强密闭性,棚内配置 1 台热风机加热升温。暖棚门方向选取下风口,避免风沙雪雨进入。

2 暖棚尺寸根据现场施工条件确定,棚内面积应能容纳施工人员及设备,高度不宜超过 2 m,保证作业棚内的温度高于 5 ℃。施工中,注意做好棚内温度观测,棚内设置两处测温点,分别设在暖棚的中间和顶部。暖棚法胶接绝缘冬期施工的设备、材料需求见表 9.5.2。暖棚示意图如图 9.5.2 所示。

表 9.5.2 暖棚法冬期施工的设备、材料表

序号	设备/材料名称	单位	规格型号	主要性能	数量	备注
1	电热风机	台	220 V-3 kW	单台:3 kW,供热面积 30 m^2,质量 7.8 kg	2	
2	架管(暖棚骨架)	m	48 mm×3.5 mm		80	
3	阻燃棉被	m^2	3 cm 厚	外部采用三防布,内部为岩棉或玻璃棉,导热系数低于 0.04	90	

注:表中数量为施工经验值,具体应根据现场情况计算确定。材料、设备选型见本手册附录 D。

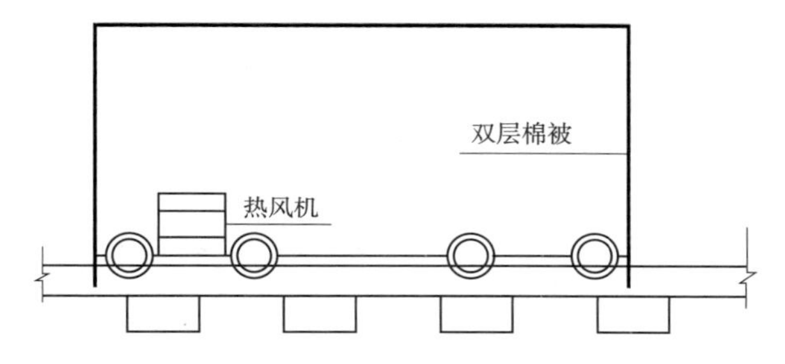

图 9.5.2 钢轨胶接绝缘接头暖棚示意图

3 胶接绝缘施工前对钢轨进行预热,轨底、轨顶、两侧轨腰及夹板温差不应大于 3 ℃。

9.6 无缝线路应力放散及锁定

线路锁定时,实际锁定轨温应在设计锁定轨温范围内,相邻单元轨节间的实际锁定轨温之差不得大于 5 ℃,同一区间内单元轨节的最高与最低实际锁定轨温之差不得大于 10 ℃;左右两股钢轨锁定轨温差,当速度大于 160 km/h 时,不应大于 3 ℃,当速度小于或等于 160 km/h 时,不应大于 5 ℃。

9.7 线路整道

9.7.1 大型养路机械作业轨温

1 一次起到量小于等于 30 mm,一次拨道量小于等于10 mm 时,作业轨温不得超过实际锁定轨温 ±20 ℃。

2 一次起道量在 31~50 mm,一次拨道量在 11~20 mm 时,作业轨温不得超过实际锁定轨温 $^{+15}_{-20}$ ℃。

9.7.2 扒道床、起道、拨道作业轨温

1 在实际锁定轨温±10 ℃范围内,可进行不影响行车的扒道床、起道和拨道作业。

2 在实际锁定轨温$^{+10}_{-20}$ ℃范围内,连续扒开道床不得大于50 m,起道高度不得大于40 mm,拨道量不得大于20 mm,禁止连续扒开枕头道床。

3 在实际锁定轨温+20 ℃以内,连续扒开道床不应大于25 m,起道高度不应大于30 mm,拨道量不应大于10 mm,禁止连续扒开枕头道床。

10 四电工程

10.1 一般规定

10.1.1 光、电缆施工

1 电力牵引供电电缆施工

1）当现场环境温度低于表10.1.1—1的数值时，不宜敷设电缆，必须施工时应将电缆预热加温，加温后的电缆应尽快敷设。

表10.1.1—1 电缆最低允许敷设温度

电缆种类	最低允许敷设温度（℃）
控制电缆	-10
聚氯乙烯绝缘电力电缆	0
交联聚乙烯绝缘电力电缆	0

2）电缆头制作宜选择无降雨、无雾霾天，空气质量良以上（空气污染指数API小于100），温度应不低于5 ℃，相对湿度应在70%以下；制作场地达不到以上要求时，应采取搭建小工棚等系列措施，保证电缆头制作质量。

2 电力电缆施工

1）当施工现场的温度不能满足表10.1.1—2要求时，不宜敷设电缆，必须施工时应将电缆预热加温，加温后的电缆应尽快敷设；

2）电缆头施工地点应清洁、干燥，施工时环境温度不低于5 ℃，相对湿度应在70%以下。制作场地达不到以上要求时，应采取搭建小工棚等系列措施，保证电缆头制作质量。

表10.1.1—2 电缆允许敷设最低温度

电缆类型	电缆结构	允许敷设最低温度（℃）
橡皮绝缘电力电缆	橡皮或聚氯乙烯护套	-15
塑料绝缘电力电缆	—	0
控制电缆	耐寒护套	-20
	橡皮绝缘聚氯乙烯护套	-15
	聚氯乙烯绝缘聚氯乙烯护套	-10

3 信号电缆施工

非耐寒电缆在环境温度低于-5 ℃、耐寒护套电缆在环境温度低于-10 ℃敷设时，应采取加温措施。

4 通信光电缆施工

1）通信电缆最低敷设温度不低于 -5 ℃，低于 -5 ℃施工时应将电缆预热加温，加温后的电缆应尽快敷设；

2）光缆接续应搭建帐篷，或在专用接续车内进行，环境温度 0 ℃以下不宜进行光缆接续。

10.1.2 基础施工

1 基础采用砌体时，砌体在暖棚内的养护时间，应根据暖棚内的温度确定，可参考表 10.1.2。

表 10.1.2 暖棚法施工时的砌体养护时间

暖棚内温度（℃）	5	10	15	20
养护时间（d）	≥6	≥5	≥4	≥3

2 混凝土基础强度达到设计强度的 70% 以上时，方可进行设备安装；不高于地面 200 mm 的杯形基础在混凝土强度达到设计值的 50% 并回填夯实后，即可进行立杆和二次浇筑；达到设计强度的 70% 以上时，方可进行杆上作业。

3 户外钢筋混凝土基础不应掺用氯盐类防冻剂。

4 气温低于 5 ℃时不得浇水养护，试块与基础应在同等条件下养护 28 d，冬期施工应多预留不少于 2 组同条件养生试块。

5 冬期施工混凝土选用外加剂应符合现行国家标准《混凝土外加剂应用技术规范》GB 50119 的相关规定。非加热养护法混凝土施工，所选用的外加剂应含有引气组分或掺入引气剂，含气量宜控制在 3.0%～5.0%。

6 混凝土的入模温度不低于 5 ℃。

7 钢筋加工：

1）钢筋冷弯温度不宜低于 -20 ℃，当环境温度低于 -20 ℃时，不得对 HRB400、HRB500 钢筋进行冷弯操作；

2）钢筋的电弧焊接应有防雪、防风及保温措施，焊接后的接头严禁立即接触冰雪。焊毕后的钢筋应待完全冷却后方能运往室外。

10.2 光、电缆施工

10.2.1 电缆敷设

1 电缆敷设时的温度低于要求的最低敷设温度时，可提前预热电缆，并应符合下列要求：

1）当环境温度低于允许敷设最低温度 5 ℃以上时，不宜冬期施工。

2）当环境温度低于允许敷设最低温度 5 ℃及以内时，可采取室内预热或者现场搭设临时暖棚预热的方式，宜提前 24 h 对电缆进行预热，预热环境温度不低于 10 ℃。

3）预热后合理组织、快速敷设，选取一天中温度较高的时间段施工。

2　在冻土地区敷设电缆时，应减少对多年冻土的扰动，避免切割、阻拦地表径流的排泄，避免在电缆敷设的地段形成新的积水洼地。

3　冬期电缆敷设施工工艺流程图如图 10.2.1—1 所示。

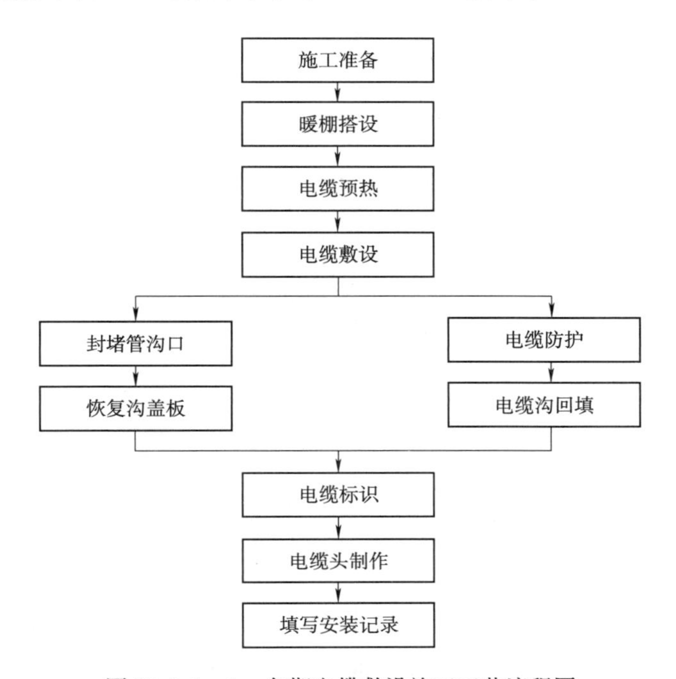

图 10.2.1—1　冬期电缆敷设施工工艺流程图

4　冬期施工要特别注意电缆外皮有无裂纹破损、压扁等现象。

5　提前规划合理的电缆敷设径路，宜采取人工敷设方式，避免电缆在受冻状态下遭受局部应力。

6　高压电缆敷设时，应设置地滑轮，地滑轮每隔 1.5 ~ 2 m 设一个。

7　暖棚法加温电缆方法应符合下列规定：

1）暖棚骨架宜采用金属管材搭设。

2）暖棚内部尺寸应按电缆盘外廓尺寸适当增大，同时留够人员操作空间。

3）热源离电缆和暖棚的最小距离均不小于 1 m，避免热源对电缆及暖棚的直接烘烤，加热炉应设置金属排烟管道，将棚内有害气体排放到户外。

4）暖棚由里到外采用阻燃棉被 + 毛毡 + 防寒塑料的覆盖方式，临时用电满足相关规定。

5）暖棚内部中间设置温度计，监控棚内的温度，每昼夜测温不应少于 4 次，每次测温值不应低于要求的最低值。

6）现场配备灭火器。

7）暖棚法加热电缆示意图如图 10.2.1—2、图 10.2.1—3 所示。

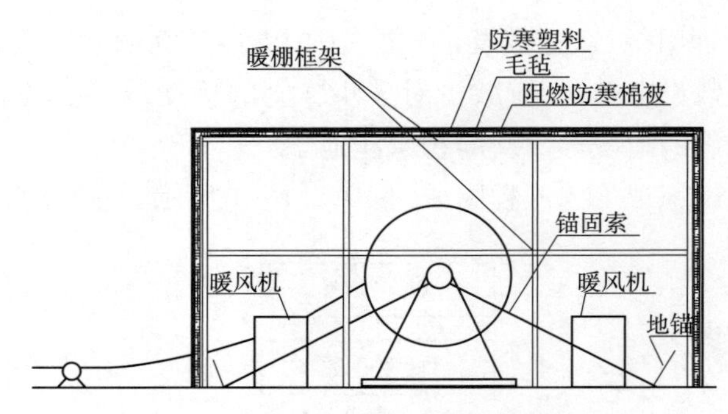

图 10.2.1—2　电缆加温示意图

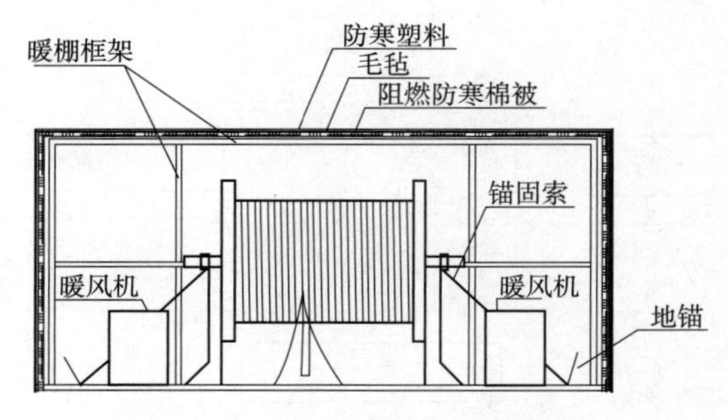

图 10.2.1—3　电缆加温示意图

8）暖棚法加热电缆主要设备材料见表 10.2.1。

表 10.2.1　暖棚法加热电缆主要设备材料表

序号	名　称	规格型号	单位	数量	备　注
1	热风机	220 V-2 kW	套	2	选用其中一种，数量根据现场实际，宜备用 1 台
2	电热油汀	220 V-2 kW	套	2	
3	加热炉	炭炉	个	2	
4	发电机	220 V-10 kW	台	2	备用 1 台
5	温度计	—	个	2	
6	阻燃棉被	防火等级 A 级，导热系数低于 0.04	m^2	若干	外部采用三防布，内部为岩棉或玻璃棉
7	防寒塑料	厚度 10 s 以上	m^2	若干	0.1 mm 以上
8	塑料薄膜	厚度 5 s 以上	m^2	若干	0.05 mm 以上
9	毛毡	—	m^2	若干	

注：此表为参考数量和型号，具体数量和型号应依据现场情况选取，覆盖材料按覆盖面积的 1.3 倍计算。

8　电缆沟回填前核对电缆长度及型号，电缆表面有无破损，电缆沟须用细土回填、分层夯实，回填土中严禁有大冻土块、严禁掺夹冰雪。

9　冬期户外高压电缆头制作应搭设暖棚保暖防尘，采用电取暖加热措施，保证棚内温度不低于 5 ℃。

10.2.2 光缆接续

1 光缆接续应搭建帐篷保温防尘，施工环境温度低于0 ℃时，帐篷内采用电取暖加热措施，以确保光纤的柔软性和熔接设备的正常工作。

2 冬期光缆接续施工工艺流程如图10.2.2所示。

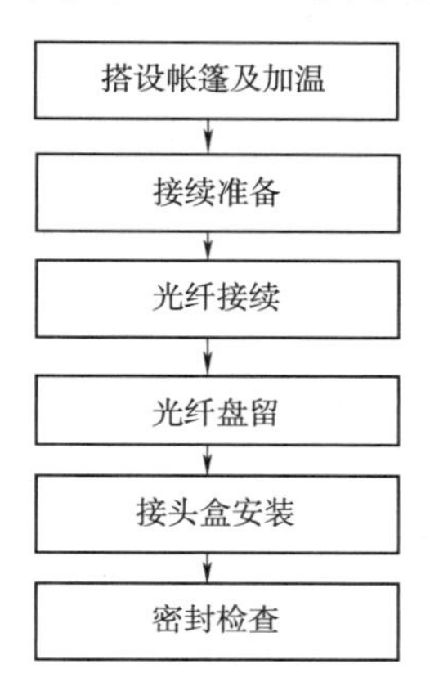

图10.2.2 冬期光缆接续施工工艺流程图

3 帐篷内不得采用加热炉加温，应使用暖风机、电暖气等电器设备将温度保持在0 ℃以上。光缆接续施工主要设备材料见表10.2.2。

表10.2.2 光缆接续施工主要设备材料表

序号	名称	规格型号	单位	数量	备注
1	接续帐篷	ZP-200	套	1	
2	暖风机	220 V-2 kW	套	1	
3	发电机	220 V-5 kW	台	1	
4	温度计	—	个	1	

10.3 基础施工

10.3.1 混凝土冬期养护常用方法有蓄热法、综合蓄热法、电热毯法、暖棚法，方法选用见本手册附录B。

10.3.2 冬期施工期间，混凝土强度达到设计强度的60%之前不得受冻；浸水冻融条件下的混凝土强度达到设计强度的75%之前不得受冻；砌体砂浆强度达到设计强度的70%之前不得受冻。

10.3.3 混凝土拆模时，混凝土强度要满足设计及规范的规定。混凝土与环境的温差不得大于15 ℃，当温差在10 ℃以上但低于15 ℃时，拆除模板后的混凝土表面宜采取临时覆盖措施。采用外部热源加热的混凝土，当养护完毕后的环境气温仍在0 ℃以下时，应待混凝土冷却至5 ℃以下且混凝土与环境之间的温差不大于15 ℃后，方可拆除模板。

10.3.4 设备基础制作冬期施工工艺流程图如图10.3.4所示。

10.3.5 冬期施工期间，若基槽开挖后不能马上进行基础施工，应按设计槽底标高预留

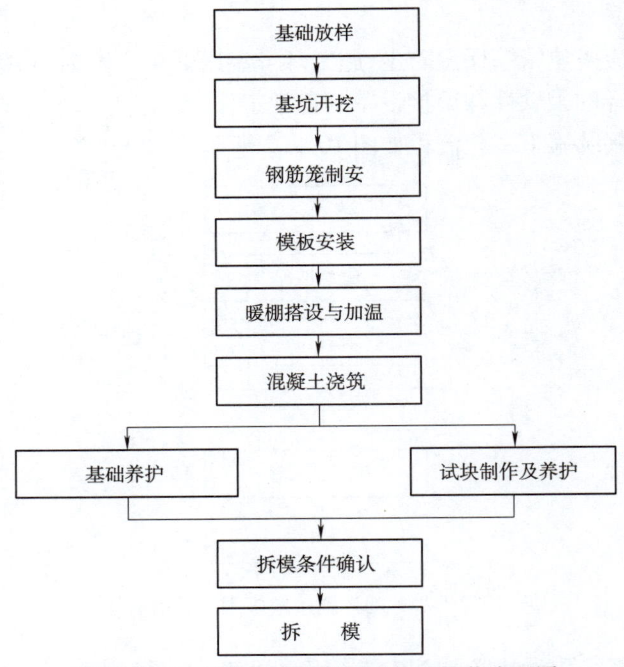

图 10.3.4　冬期施工设备基础施工工艺流程图

300 mm 余土。气温 0 ℃～−10 ℃可覆盖二层草垫，−10 ℃以下可覆盖三至四层草垫。

10.3.6　混凝土浇筑前应将钢筋、模板上的霜冻、冰雪等清理干净。

10.3.7　混凝土运输时应采取保温措施。运到作业面以后，应快铺料、快振捣、快抹平，并及时覆盖塑料薄膜和保温材料。浇筑过程中应减少作业面，降低混凝土暴露的时间和面积，将热量损失降到最低限度。

10.3.8　蓄热法

1　基础保温覆盖由里到外依次为：塑料薄膜、防寒棉被、草帘或毛毡、聚乙烯彩条篷布。

2　防寒棉被可根据室外气温适当增加。

3　里层塑料布四周培土压实，防止水分流失，然后再进行外层覆盖，基础边缘部位在最外层覆盖 500 mm 厚细土，以提高保温效果。

4　蓄热法基础养护示意图如图 10.3.8 所示。

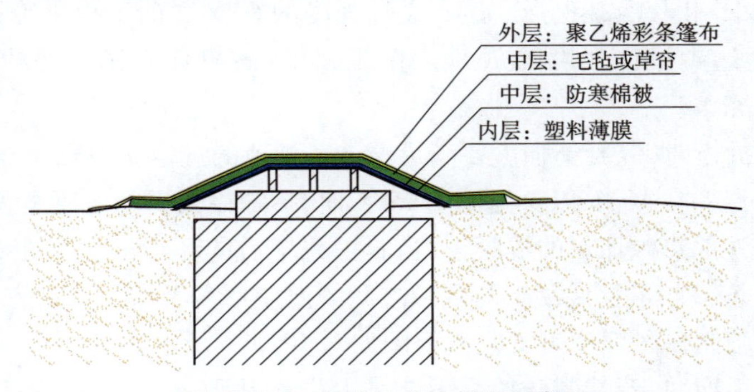

图 10.3.8　蓄热法养护保温示意图

5　蓄热法基础养护主要设备材料见表 10.3.8。

表 10.3.8　蓄热法养护保温主要设备材料表

序号	名　称	规格型号	单位	数量	备　　注
1	聚乙烯彩条篷布	双面覆膜 100 g/m^2 以上	m^2	若干	厚度 0.15 mm 以上
2	阻燃棉被	防火等级 A 级，导热系数低于 0.04	m^2	若干	外部采用三防布，内部为岩棉或玻璃棉
3	防寒塑料	厚度 10 s 以上	m^2	若干	0.1 mm 以上
4	塑料薄膜	厚度 5 s 以上	m^2	若干	0.05 mm 以上
5	草　　帘	厚度 2 cm 以上，导热系数低于 0.06	m^2	若干	压实厚度

注：此表为参考数量和型号，具体数量和型号应依据现场情况选取，覆盖材料按覆盖面积 1.3 倍计算。

10.3.9　综合蓄热法

1　综合蓄热法施工的混凝土中应掺入早强剂或早强型复合外加剂，并应具有减水、引气作用。

2　基础保温覆盖参考蓄热法。

10.3.10　电热毯法

当蓄热法养护不能达到要求时，可采用电热毯法养护，当采用电热法养护混凝土时应符合下列规定：

1　所有混凝土外露面覆盖后方可通电加热。

2　基础保温覆盖由里到外依次为：防寒塑料、毛毡、电热毯、防寒棉被、毛毡或草帘、防寒塑料。

3　防寒棉被可根据室外气温适当增加。

4　综合蓄热法基础养护示意图如图 10.3.10 所示。

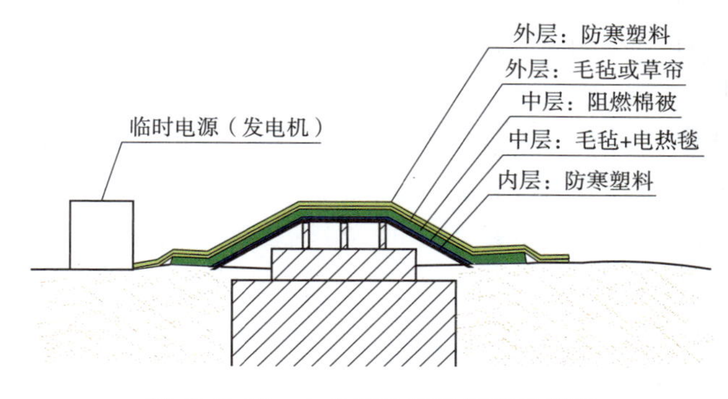

图 10.3.10　电热毯法养护保温示意图

5 综合蓄热法基础养护主要设备材料见表10.3.10。

表10.3.10 综合蓄热法养护保温主要设备材料表

序号	名 称	规格型号	单位	数量	备 注
1	发电机	220 V-10 kW	台	2	备用1套
2	阻燃棉被	防火等级A级,导热系数低于0.04	m^2	若干	外部采用三防布,内部为岩棉或玻璃棉
3	防寒塑料	厚度10 s以上	m^2	若干	0.1 mm以上
4	塑料薄膜	厚度5 s以上	m^2	若干	0.05 mm以上
5	草 帘	厚度2 cm以上,导热系数低于0.06	m^2	若干	压实厚度
6	电热毯	220 V,恒温55 ℃	m^2	若干	根据覆盖面积可选择1 m×5 m或者1 m×10 m
7	毛 毡		m^2	若干	

注:此表为参考数量和型号,具体数量和型号应依据现场情况选取,覆盖材料按覆盖面积1.3倍计算。

10.3.11 暖棚法

1 应设专人监测暖棚内温度,最低温度不低于5 ℃,但不宜高于30 ℃。测温点宜选择棚内中部离地面高约500 mm处,每昼夜测温不应少于4次。也可采用远程温湿度采集仪,实时采集棚内温湿度并向监控人员手机App传输。

2 暖棚的出入口应设专人管理,并应采取防止棚内温度下降或引起风口处混凝土受冻的措施。

3 在混凝土养护期间应将烟或燃烧气体排至棚外,现场配备足够数量的灭火器。

4 暖棚骨架宜采用金属管材搭设。

5 暖棚内部尺寸,按基础大小适当增大,采取暖风机、电热器或炭炉加热时,加热装置离暖棚和外层覆盖的最小距离均不小于1 m,加热炉应设置金属排烟管道,将棚内有害气体排放到户外。

6 基础表面采用塑料布覆盖防止水分流失,暖棚由里到外采用阻燃棉被+毛毡+草帘+防寒塑料(或防水篷布)的覆盖方式。

7 采用暖风机、电热器或炭炉加热时,加热装置离暖棚的最小距离不小于1 m,加热炉应设置金属排烟管道,将棚内有害气体排放到户外。临时用电符合相关规定。

8 现场配备灭火器。

9 暖棚法保温如图10.3.11—1和图10.3.11—2所示。

10 暖棚法养护主要设备材料见表10.3.11。

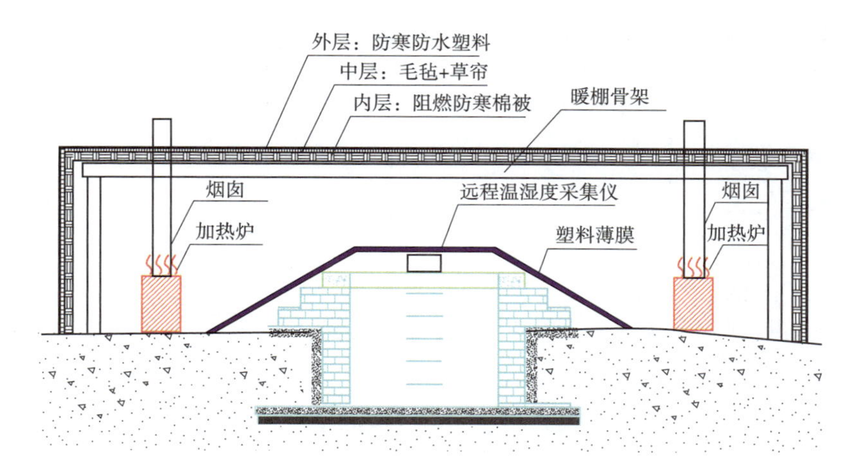

图 10. 3. 11—1　暖棚法养护保温示意图(加热炉)

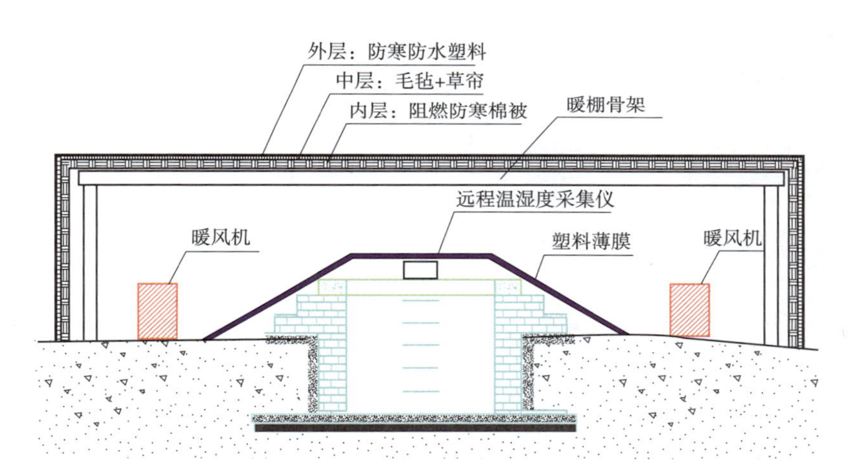

图 10. 3. 11—2　暖棚法养护保温示意图(电加热)

表 10. 3—11　暖棚法养护主要设备材料表

序号	名　称	规格型号	单位	数量	备　　注
1	热风机	220 V-2 kW	套	2	选用其中一种,数量根据现场实际,宜备用 1 台
2	电热油汀	220 V-2 kW	套	2	
3	加热炉	炭炉	个	2	
4	发电机	220 V-10 kW	台	2	备用 1 套
5	温度计	—	个	2	
6	聚乙烯彩条篷布	双面覆膜 100 g/m^2 以上	m^2	若干	厚度 0. 15 mm 以上
7	阻燃棉被	防火等级 A 级,导热系数低于 0. 04	m^2	若干	外部采用三防布,内部为岩棉或玻璃棉
8	防寒塑料	厚度 10 s 以上	m^2	若干	0. 1 mm 以上

续表 5.1.4—1

序号	名　称	规格型号	单位	数量	备　　注
9	塑料薄膜	厚度 5 s 以上	m^2	若干	0.05 mm 以上
10	草　帘	厚度 2 cm 以上，导热系数低于 0.06	m^2	若干	压实厚度
12	毛　毡	—	m^2	若干	
13	远程温湿度采集仪	ZW720	台	1	

注：此表为参考数量和型号，具体数量和型号应依据现场情况选取，覆盖材料按覆盖面积 1.3 倍计算。

10.3.12 直埋支柱坑开挖及回填应符合下列要求：

1 支柱回填宜使用原土，准备用于冬期回填的土方应大堆堆放，覆盖草垫、毛毡等保温，以防冻结。

2 基坑应分层回填、夯实。宜采用每回填 300 mm 分层夯实，可采用小型打夯机或捣固锤。

3 冬期施工基坑回填，应将冻土块打碎，回填土不得掺杂冰雪块。

11　房屋建筑及站场构筑物工程

11.1　地基基础工程

11.1.1　一般规定

1　本条目适用范围:房建工程地基与基础、人行天桥地基与基础(设计为桩基础的详见本手册第8.2节)、站台墙基础、站台填筑、雨棚地基与基础(设计为桩基础的详见本手册第8.2节)、集装箱与货物堆场垫层及基层、声(风)屏障基础(设计为桩基础的详见本手册第8.2节)、灯柱灯塔灯桥基础、滑坡仓与漏斗仓地基与基础、综合管沟基础。

2　冬期施工的地基基础工程,除应有建筑场地的工程地质勘察资料外,尚应有地基土的主要冻土性能指标。

3　建筑场地宜在冻结前清除地上和地下障碍物、地表积水,并应平整场地与道路。冬期应及时清除积雪,春融期应做好排水。

4　对建筑物、构筑物的施工控制坐标点、水准点及轴线定位点的埋设,应采取措施防止土壤冻胀、融沉变位和施工振动的影响,并应定期复测校正。控制点、水准点标石埋设做法如图11.1.1—1、图11.1.1—2所示,埋设深度见表11.1.1。

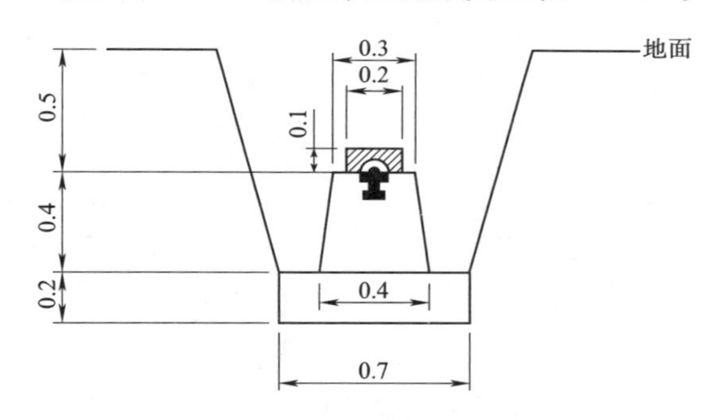

图11.1.1—1　混凝土普通标石(单位:m)

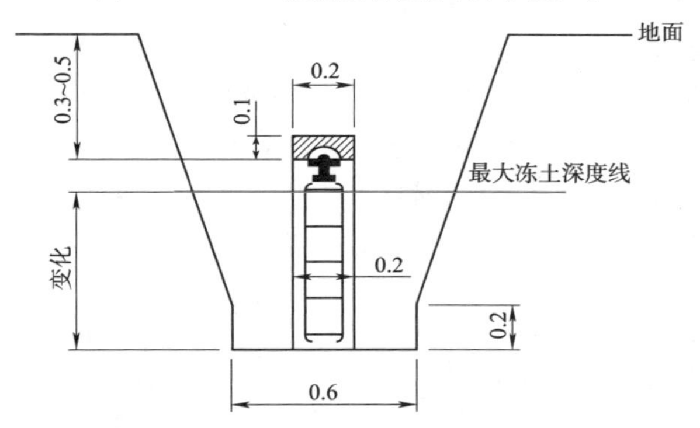

图11.1.1—2　永冻地区混凝土柱标石(单位:m)

表 11.1.1　标石埋设深度

地下水位距地面高度(m)	标石底盘底部位于最大冻土深度线下高度(m)	标志距地面高度(m)
≤6	>0.5	0.3~0.5
6~10	>0.2	0.3~0.5
≥10	按混凝土普通标石做法	

5　在冻土区域进行桩基础或强夯施工时，如产生振动对周围建筑物及各种设施造成影响，应采取隔振措施。

6　靠近建筑物、构筑物基础的地下基坑施工时，应采取防止相邻地基土受冻的措施。

7　同一建筑物基槽(坑)开挖时应同时进行，基底不得留冻土层。基础施工中，应防止地基土被融化的雪水或冰水浸泡。

11.1.2　土方工程

1　冻土挖掘应根据冻土层的厚度和施工条件，采用机械、人工或爆破等方法进行，并应符合下列规定：

1）人工挖掘冻土可采用锤击铁楔子劈冻土的方法分层进行；铁楔子长度应根据冻土层厚度确定，且宜在 300~600 mm 之间取值。

2）机械挖掘冻土可根据冻土层厚度按表 11.1.2—1 选用设备。

表 11.1.2—1　机械挖掘冻土设备选择表

冻土厚度(mm)	挖掘设备
<500	铲掘机、挖掘机
500~1 000	松土机、挖掘机
1 000~1 500	重锤或重球

3）爆破法挖掘冻土应选择具有专业爆破资质的队伍，爆破施工应按国家有关规定进行。

2　在挖方上边弃置冻土时，其弃土堆坡脚至挖方边缘的距离应为常温下规定的距离加上弃土堆的高度。

3　挖掘完毕的基槽(坑)应采取防止基底部受冻的措施，因故未能及时进行下道工序施工时，应在基槽(坑)底标高以上预留土层，并应覆盖保温材料。未开挖的基槽(坑)可在地面覆盖保温材料，基槽底覆盖保温示意如图 11.1.2—1 所示；未开挖基槽覆盖保温示意如图 11.1.2—2 所示。覆盖保温材料的厚度可按本手册附录 A 进行计算。

4　土方回填时，每层铺土厚度应比常温施工时减少 20%~25%，预留沉降量应比常温施工时增加。

5　冬期施工应在填方前清除基底上的冰雪和保温材料，填方上层部位应采用未冻的或透水性好的土方回填。其厚度应符合设计要求。填方边坡的表层 1 m 以内，不得采用含有冻土块的土填筑。冬期填方的高度不宜超过表 11.1.2—2 规定。

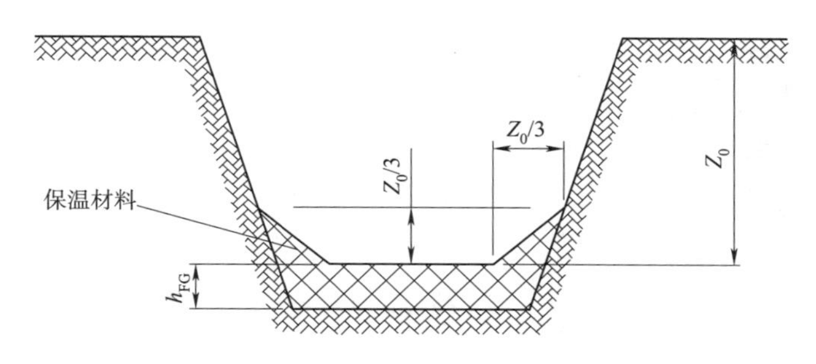

图 11.1.2—1 已开挖基槽底覆盖保温材料

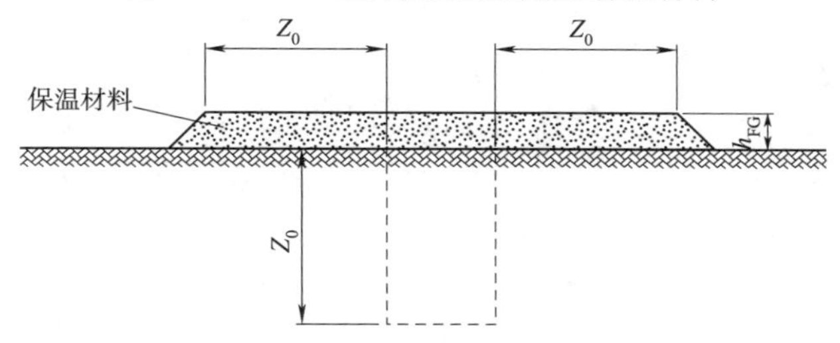

图 11.1.2—2 未开挖基槽在地面覆盖保温材料

表 11.1.2—2 冬期填方的高度

室外平均气温(℃)	填方高度(m)
-5 ~ -10	4.5
-11 ~ -15	3.5
-16 ~ -20	2.5

注:采用石块和不含冻块砂土(不包括粉砂)、碎石土类回填时,填方的高度可不受上表限制。

6 室外的基槽(坑)或管沟的回填土料中含有的冻土块含量不得超过 15%,冻块粒径不得大于 150 mm,且应均匀分布。管沟底以上 500 mm 的范围内不得用含有冻土块的土回填。

7 站台及室内的基槽(坑)或管沟不得采用含有冻土块的土回填,施工应连续进行并应夯实。采用人工夯实时,每层铺土厚度不得超过 200 mm,夯实厚度宜为 100 ~ 150 mm。

8 冻结期间暂不使用的管道及其场地回填时,冻土块的含量和粒径可不受限制,但融化后应作适当处理。

9 室内地面垫层下回填的土方、填料中不得含有冻土块,并应及时夯实。填方完成后至地面施工前,应采取防冻措施。

10 永久性的挖、填方和排水沟的边坡加固修整,宜在解冻后进行。

11.1.3 地基处理

1 强夯施工技术参数应根据加固要求与地质条件在场地内经试夯确定,试夯应按现行行业标准《建筑地基处理技术规范》JGJ 79的规定进行。

2 强夯施工时,不应将冻结基土或回填的冻土块夯入地基的持力层,回填土的质量应符合本手册第 11.1.2 条的有关规定。

3 黏性土或粉土地基的强夯，宜在被夯土层表面铺设粗颗粒材料，并应及时清除黏结于锤底的土料。

4 强夯加固后的地基越冬维护，应按本手册第 11.12 节的有关规定进行。

11.1.4 桩基础

1 冻土地基可采用干作业钻孔桩、挖孔灌注桩、沉管灌注桩、预制桩等施工方法。

2 桩基施工时，冻土层厚度超过 500 mm，冻土层宜采用钻孔机引孔，引孔直径不宜大于桩径 20 mm。

3 钻孔机的钻头宜选用锥形钻头并镶焊合金刀片。钻进冻土时应加大钻杆对土层的压力，并应防止摆动和偏位。钻成的桩孔应及时覆盖保护。

4 振动沉管成孔时，应制定保证相邻桩身混凝土质量的施工顺序。拔管时，应及时清除管壁上的水泥浆和泥土。成孔施工有间歇时，宜将桩管埋入桩孔中进行保温。

5 灌注桩的混凝土施工应符合下列规定：

1）混凝土材料的加热、搅拌、运输、浇筑应按本手册第 11.4 节的有关规定进行；混凝土浇筑温度应根据热工计算确定，且不得低于 5 ℃。

2）地基土冻深范围内的和露出地面的桩身混凝土养护，应按本手册第 11.4 节有关规定进行。

3）在冻胀性地基土上施工时，应采取防止或减小桩身与冻土之间产生切向冻胀力的防护措施。

6 预制桩施工应符合下列规定：

1）施工前，桩表面应保持干燥与清洁。

2）起吊前，钢丝绳索与桩机的夹具应采取防滑措施。

3）沉桩施工应连续进行，施工完成后应采用保温材料覆盖于桩头上进行保温。

4）接桩可采用焊接或机械连接，焊接和防腐要求应符合本手册第 11.7 节的有关规定。

5）起吊、运输与堆放应符合本手册第 11.9 节的有关规定。

7 桩基静荷载试验前，应将试桩周围的冻土融化或挖除。试验期间，应对试桩周围地表土和锚桩横梁支座进行保温。

8 设计采用灌注桩的，应考虑冻土吸热对桩在冻土段的影响，其影响情况如图 11.1.4 所示。

11.1.5 基坑支护

1 基坑支护冬期施工宜选用排桩和土钉墙的方法。

2 采用液压高频锤法施工的型钢或钢管排桩基坑支护工程，除应考虑对周边建筑物、构筑物和地下管道的振动影响外，尚应符合下列规定：

1）在冻土上施工时，应采用钻机在冻土层内引孔，引孔的直径应大于型钢或钢管的最大边缘尺寸。

2）型钢或钢管的焊接应按本手册第 11.7 节的有关规定进行。

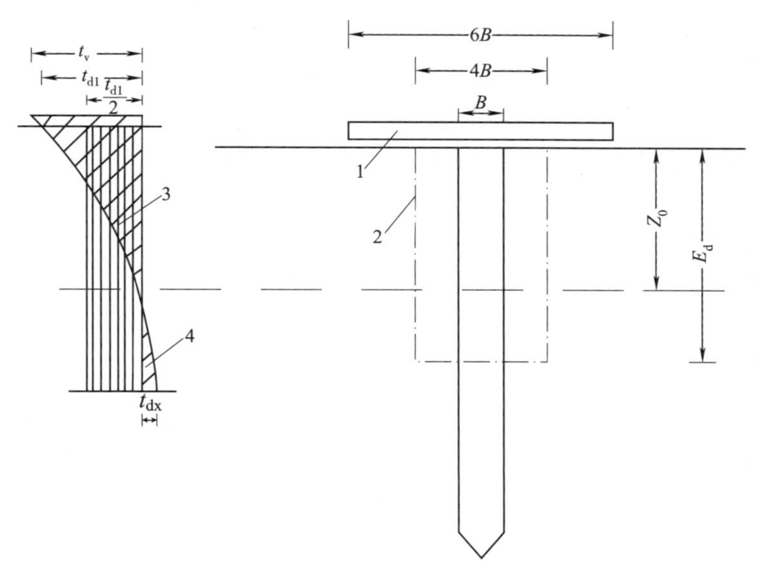

图 11.1.4 影响桩的冻土范围

1—保温层;2—计算冻深的外围线;3—负温范围;4—正温范围

3 钢筋混凝土灌注桩的排桩施工应符合本手册第 11.1.4 条的规定,并应符合下列规定:

1) 基坑土方开挖应待桩身混凝土达到设计强度时方可进行。

2) 基坑土方开挖时,排桩上部自由端外侧的基土应进行保温。

3) 排桩上部的冠梁钢筋混凝土施工应按本手册第 11.4 节的有关规定进行。

4) 桩身混凝土施工可选用掺防冻剂混凝土进行。

4 锚杆施工应符合下列规定:

1) 锚杆注浆的水泥浆配制宜掺入适量的防冻剂。

2) 锚杆体钢筋端头与锚板的焊接应符合本手册第 11.7 节的相关规定。

3) 预应力锚杆张拉应待锚杆水泥浆体达到设计强度后方可进行。

5 严寒地区土钉墙混凝土面板施工应符合下列规定:

1) 面板下宜铺设 60 ~ 100 mm 厚聚苯乙烯泡沫板。

2) 浇筑后的混凝土应按本手册第 11.4 节的相关规定立即进行保温养护。

11.2 砌 体 工 程

11.2.1 一般规定

1 适用范围:房建工程墙体及相关构筑物砌筑工程、砌筑站台墙、围墙、综合管沟砌筑检查井。

2 砌体冬期施工常用的施工方法,可按养护期间是否加热分为以下两类:

1) 在养护期间不加热的蓄热法和外加剂法。

2) 在养护期间需要利用外部热源加热的暖棚法。

3 冬期施工所用材料应符合下列规定：

1）砖、砌块在砌筑前，应清除表面污物、冰雪等，不得使用遭水浸和受冻后表面结冰、污染的砖或砌块。冬期施工砖石材料要求见表 11. 2. 1—1。

2）砌筑砂浆宜采用普通硅酸盐水泥配制，不得使用无水泥拌制的砂浆。

表 11. 2. 1—1　冬期施工砖石材料的要求

<table>
<tr><th colspan="2">材料名称</th><th>吸水率不大于(%)</th><th>要　求</th></tr>
<tr><td rowspan="2">普通烧结砖</td><td>实心</td><td rowspan="2">15</td><td rowspan="6">1. 应清除表面污物及冰、霜、雪等；
2. 遇水浸泡后受冻的砖、砌块不能使用；
3. 砌筑时，室外气温高于 0 ℃普通黏土砖可适当浇水，但不宜过多，一般以表面吸进 10 mm 为宜，且随浇随用，砖的表面不得有游离水。室外气温低于 0 ℃时不得浇水</td></tr>
<tr><td>空心</td></tr>
<tr><td rowspan="2">黏土质砖</td><td>实心</td><td rowspan="2">8</td></tr>
<tr><td>空心</td></tr>
<tr><td colspan="2">小型空心砌块</td><td>3</td></tr>
<tr><td colspan="2">加气混凝土砌块</td><td>70</td></tr>
<tr><td colspan="2">石　材</td><td>5</td><td>除应符合上述第 1 条外，石材表面不应有水锈</td></tr>
</table>

注：1　黏土质砖指粉煤灰、煤干石砖等。

2　小型空心砌块指硅酸盐质砌块。

3　普通砖、多孔砖和空心砖在气温高于 0 ℃时应浇水湿润。在气温低于 0 ℃条件下砌筑时不得浇水，但必须增大砂浆稠度。抗震设防烈度为 9 度的建筑物，普通砖、多孔砖、空心砖无法浇水湿润时，如无特殊措施，不得砌筑。

3）现场拌制砂浆所用砂中不得含有直径大于 10 mm 的冻结块或冰块。

4）石灰膏、电石渣膏等材料应有保温措施，遭冻结时应经融化后方可使用。

5）砂浆拌和水温不宜超过 80 ℃，砂加热温度不宜超过 40 ℃，且水泥不得与 80 ℃以上热水直接接触；骨料不加热时，水可加热至 80 ℃以上，但搅拌时应先投入骨料和已加热的水，拌匀后再投入水泥。加热水尚不能满足要求时，可将骨料均匀加热，其加热温度不应高于 60 ℃。砂浆稠度宜较常温适当增大，且不得二次加水调整砂浆和易性。砌筑工程水加热可采用蒸汽加热法，如图 11. 2. 1—1 所示；少量加热砂石料时可采用直接烘热法，如图 11. 2. 1—2 所示。

4 冬期施工砂浆的配制及砌筑应符合下列规定：

1）砌体工程冬期施工时，为保证砂浆的使用温度与砖石表面温差不宜过大，防止在砖石与砂浆之间产生冰膜，影响砌体强度，砌筑时砖表面与砂浆的温差不宜超过30 ℃，石材表面与砂浆温差不宜超过 20 ℃。

2）砂浆宜在暖棚内机械拌制，搅拌时间不宜小于 2 min。

3）根据施工方法、环境气温，应通过热工计算确定砂浆砌筑温度，并不得低于 5 ℃。

4）砌筑所用混凝土预制块不得受水浸和受冻后表面结冰、污染，砌体所用的石料和砂应清除冰雪冻块，并宜根据工程进展将其提前运入棚内。冬期砌筑时不宜对混凝土预制块浇水。

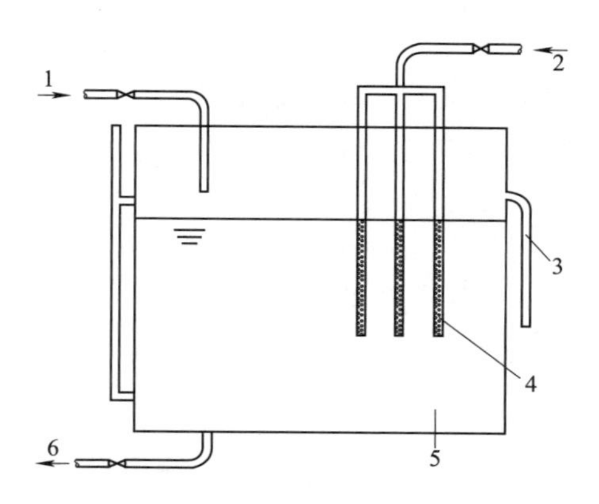

图 11.2.1—1　水加热示意

1—冷水管;2—蒸汽管;3—溢流管;4—喷气管;5—水箱;6—出水管

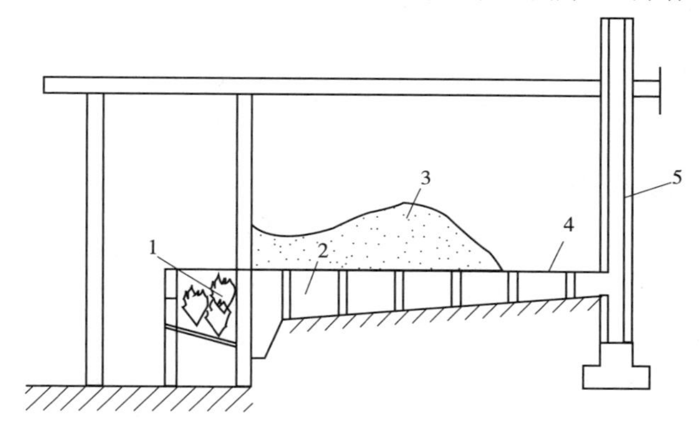

图 11.2.1—2　砂石加热示意

1—火炕;2—火道;3—加热砂石;4—钢板;5—烟囱

5）在负温条件下砌筑时,由于砖和砌块不宜浸湿,砂浆稠度可比常温时大 10～30 mm,但 M5 级砂浆不宜超过95 mm;M10 级砂浆不宜超过 105 mm;M20 级砂浆不宜超过 110 mm。冬期施工砌筑砂浆稠度要求见表 11.2.1—2。

表 11.2.1—2　冬期施工砌筑砂浆稠度表

序号	砌体类别	常温时砂浆稠度(mm)	冬期时砂浆稠度(mm)
1	烧结普通砖砌体	70～90	90～110
2	轻骨料小型空心砌块砌体	60～90	80～110
3	烧结多孔砖,空心砖砌体	60～80	80～100
4	烧结普通砖平拱式过梁	50～70	80～100
5	空斗墙、筒拱	50～70	70～90
6	普通小型空心砌块砌体	50～70	70～90
7	加气混凝土砌块砌体	50～70	80～100
8	石砌体	30～50	40～60

6）砂浆应采用保温容器运送，中途不宜倒运。砂浆应随拌随用，每次拌量宜在0.5 h内用完。不得使用已冻结的砂浆。

7）对砂浆进行加热时，加热温度可按式11.2.1确定。

$$t_j = \frac{(0.2 + w_s)m_s t_s + (m_v - 0.5m_g - w_s m_s)t_v}{0.2(m_c m_s + 0.5\,m_g) + m_v} \tag{11.2.1}$$

式中 t_j，t_s，t_v——砂浆、砂、水的温度（℃）；

m_s，m_v，m_g，m_c——单位体积砂浆中砂、水、灰膏、水泥的重量（kg/m^3）；

w_s——砂的含水率（%）。

5 砌筑间歇期间，宜及时在砌体表面进行保护性覆盖，砌体面层不得留有砂浆。继续砌筑前，应将砌体表面清理干净。

6 砌体工程宜选用外加剂法进行施工，对绝缘、装饰等有特殊要求的工程，应采用其他方法。

7 施工日记中应记录大气温度、暖棚内温度、砌筑时砂浆温度、外加剂掺量等有关资料。

8 砂浆试块的留置，除应按常温规定要求外，尚应增设一组与砌体同条件养护的试块，用于检验转入常温28 d的强度。特殊需要时，可另外增加相应龄期的同条件试块。

11.2.2 外加剂法

1 采用外加剂法配制砂浆时，可采用氯盐或亚硝酸盐等外加剂。氯盐应以氯化钠为主，气温低于－15 ℃时，可与氯化钙复合使用。氯盐掺量可按表11.2.2选用。

2 砌筑施工时，砂浆温度不应低于5 ℃。

3 设计无要求，且最低气温等于或低于－15 ℃时，砌体砂浆强度等级应较常温施工提高一级。

表11.2.2 氯盐外加剂掺量

氯盐及砌体材料种类			日最低气温（℃）			
			≥－10	－11～－15	－16～－20	－21～－25
单掺氯化钠（%）		砖、砌块	3	5	7	—
		石　材	4	7	10	—
复掺（%）	氯化钠	砖、砌块	—	—	5	7
	氯化钙		—	—	2	3

注：氯盐以无水盐计算，掺量为占拌和水质量百分比。

4 氯盐砂浆中复掺引气型外加剂时，应在氯盐砂浆搅拌的后期掺入。

5 采用氯盐砂浆时，应对砌体中配置的钢筋及预埋件进行防腐处理。

6 砌体采用氯盐砂浆施工，每日砌筑高度不宜超过1.2 m，墙体留置的洞口，距交接墙处不应小于500 mm。

7　下列情况不得采用掺氯盐的砂浆砌筑砌体：

1）对装饰工程有特殊要求的建筑物；

2）使用环境湿度大于80%的建筑物；

3）配筋、钢埋件无可靠防腐处理措施的砌体；

4）接近高压电线的建筑物（如变电所、发电站等）；

5）经常处于地下水位变化范围内，以及在地下未设防水层的结构。

11.2.3　暖棚法

1　暖棚法适用于地下工程、基础工程以及工期紧迫的砌体结构，构造要求见本手册第11.4.6条。

2　暖棚法施工时，暖棚内的最低温度不应低于5 ℃。

3　砌体在暖棚内的养护时间应根据暖棚内的温度确定，并应符合表11.2.3的规定。

表11.2.3　暖棚法施工时的砌体养护时间

暖棚内的温度（℃）	5	10	15	20
养护时间（d）	≥6	≥5	≥4	≥3

11.3　钢筋工程

11.3.1　一般规定

适用范围：房建工程基础、主体及其他构件钢筋工程、人行天桥混凝土结构现浇及预制构件钢筋工程、现浇混凝土站台墙钢筋工程、混凝土站台面钢筋工程、雨棚混凝土基础钢筋工程、雨棚混凝土结构（构件）钢筋工程、集装箱与货物堆场连锁块铺面钢筋工程、集装箱与货物堆场现浇混凝土条形梁钢筋工程、声（风）屏障基础钢筋工程、灯柱灯塔灯桥基础钢筋工程、滑坡仓及漏斗仓基础钢筋工程、综合管沟基础钢筋工程、检查坑及设备基础钢筋工程。一般规定应符合本手册第5.3.2条相关要求。

11.3.2　钢筋负温焊接

1　钢筋负温焊接工艺应符合本手册第5.3.2条相关要求。

2　钢筋负温电渣压力焊应符合下列规定：

1）电渣压力焊宜用于HRB400热轧带肋钢筋。

2）电渣压力焊机容量应根据所焊钢筋直径选定。

3）焊剂应存放于干燥库房内，在使用前经250 ℃～300 ℃烘焙2 h以上。

4）焊接前，应进行现场负温条件下的焊接工艺试验，经检验满足要求后方可正式作业。

5）电渣压力焊焊接参数可按表11.3.2进行选用。

表 11.3.2　钢筋负温电渣压力焊焊接参数

<table>
<tr><th rowspan="2">钢筋直径（mm）</th><th rowspan="2">焊接温度（℃）</th><th rowspan="2">焊接电流（A）</th><th colspan="2">焊接电压（V）</th><th colspan="2">焊接通电时间（s）</th></tr>
<tr><th>电弧过程</th><th>电渣过程</th><th>电弧过程</th><th>电渣过程</th></tr>
<tr><td rowspan="2">14～18</td><td>－10</td><td>300～350</td><td rowspan="8">35～45</td><td rowspan="8">18～22</td><td rowspan="2">20～25</td><td rowspan="2">6～8</td></tr>
<tr><td>－20</td><td>350～400</td></tr>
<tr><td rowspan="2">20</td><td>－10</td><td>350～400</td><td rowspan="6">25～30</td><td rowspan="6">8～10</td></tr>
<tr><td>－20</td><td>400～450</td></tr>
<tr><td rowspan="2">22</td><td>－10</td><td>400～450</td></tr>
<tr><td>－20</td><td>500～550</td></tr>
<tr><td rowspan="2">25</td><td>－10</td><td>400～450</td></tr>
<tr><td>－20</td><td>550～600</td></tr>
</table>

注：本表系采用常用 HJ431 焊剂和半自动焊机参数。

6）焊接完毕，应停歇 20 s 以上方可卸下夹具回收焊剂，回收的焊剂内不得混入冰雪，接头渣壳应待冷却后清理。

11.4　混凝土工程

11.4.1　一般规定

1　本条目适用范围：房建工程基础、主体及其他构件混凝土工程、地道进出口台阶及斜坡走道混凝土工程、地道排水、人行天桥地基与基础混凝土工程（设计为桩基础的详见桥梁桩基章节）、人行天桥混凝土结构现浇及预制构件混凝土工程、现浇混凝土站台墙、混凝土站台面、雨棚基础混凝土工程、雨棚混凝土结构（构件）混凝土工程、集装箱与货物堆场现浇混凝土面层、集装箱与货物堆场现浇混凝土条形梁、声（风）屏障基础混凝土工程、灯柱灯塔灯桥基础混凝土工程、滑坡仓及漏斗仓基础混凝土工程、综合管沟基础混凝土工程、综合管沟检查井混凝土工程、检查坑及设备基础混凝土工程。

2　房屋建筑工程冬期浇筑的混凝土，其受冻临界强度应符合表 11.4.1—1 规定。

1）采用暖棚法施工的混凝土中掺入早强剂时，可按综合蓄热法受冻临界强度取值；

2）施工需要提高混凝土强度等级时，应按提高后的强度等级确定受冻临界强度。

表 11.4.1—1　房屋建筑冬期浇筑的混凝土受冻临界强度要求

<table>
<tr><th colspan="2">工况或混凝土种类</th><th>受冻临界强度</th></tr>
<tr><td rowspan="2">采用蓄热法、暖棚法、加热法等施工的普通混凝土</td><td>采用硅酸盐水泥、普通硅酸盐水泥配制</td><td>≥设计混凝土强度等级值的 30%</td></tr>
<tr><td>采用矿渣硅酸盐水泥、粉煤灰硅酸盐水泥、火山灰质硅酸盐水泥、复合硅酸盐水泥时</td><td>≥设计混凝土强度等级值的 40%</td></tr>
<tr><td>采用综合蓄热法、负温养护法施工的混凝土</td><td>室外最低气温不低于－15 ℃时</td><td>≥4.0 MPa</td></tr>
<tr><td>采用负温养护法施工的混凝土</td><td>室外最低气温不低于－30 ℃时</td><td>≥5.0 MPa</td></tr>
</table>

续表 11.4.1—1

工况或混凝土种类	受冻临界强度
强度等级等于或高于 C50 的混凝土	≥设计混凝土强度等级值的 30%
有抗渗要求的混凝土	≥设计混凝土强度等级值的 50%
有抗冻耐久性要求的混凝土	≥设计混凝土强度等级值的 70%

3 混凝土工程冬期施工应按本手册附录 A 进行混凝土热工计算。

4 混凝土的配制宜选用硅酸盐水泥或普通硅酸盐水泥,并应符合下列规定:

1) 采用蒸汽养护时,宜选用矿渣硅酸盐水泥。

2) 混凝土最小水泥用量不宜低于 280 kg/m^3,水胶比不应大于 0.55。

3) 大体积混凝土的最小水泥用量,可根据试验确定。

4) 强度等级不大于 C20 的素混凝土或 C25 的钢筋混凝土,其水胶比和最小水泥用量可不受以上限制。

5 拌制混凝土所用骨料应清洁,不得含有冰、雪、冻块及其他易冻裂物质。掺入含有钾、钠离子防冻剂的混凝土,不得采用活性骨料或在骨料中混有此类物质的材料。

6 冬期施工混凝土选用外加剂应符合现行国家标准《混凝土外加剂应用技术规范》GB 50119 的相关规定。

1) 非加热养护法混凝土施工,所选用的外加剂应含有引气组分或掺入引气剂,含气量宜控制在 3.0% ~5.0%。

2) 不同防冻剂的性能见表 11.4.1—2。

表 11.4.1—2 防冻剂主要性能

序号	代号	主要成分	养生温度(℃)	掺量(%)	强度增长(%)			
					3 d	7 d	28 d	90 d
1	NC	硫酸钠 60%	−11 −10	2 4	20	50	70	100
2	SL	1. 硫酸钠 75%,盐 24% 2. 硫酸钠 99%,盐 24%	−3	—	—	—	—	—
3	AN	乙酸钠 2% +硝酸钠 4% +硫酸钠 2% +木钙 0.25%	−10	8.25	—	—	50	100 110
4	MS-F	木钙 + 硫酸钠 + 亚硝酸钠	−5 −10	5 +4 5 +8	—	40	70	103
5	WN-D	亚硝酸钠 + 氯盐	0 −7	2 6	—	40 40	67 67	104 104
6	DN-1	氯盐 + 亚硝酸盐	−15 −20	8 13	—	40 40	67 67	104 104
7	NON-F	硝酸钠 + 亚硝酸钠	−10	10	—	36	64	104
8	MN-F	硝酸钠	−10	15	—	30	60	101

续表 11.4.1—2

序号	代号	主要成分	养生温度（℃）	掺量（%）	强度增长（%）			
					3 d	7 d	28 d	90 d
9	KMF	亚硝酸钠	－20	15	—	30	50	100
10	LJ-A	—	－5	4	—	60	100	100
	LJ-B		－10	10	—	40	75	100
	LJ-C		－15	12	—	30	55	100
11	KD-3	尿素	－15	7	—	31	72	100
12	DK-1			10	—	45	79	124
13	LD-3	尿素	－15	5 10	8 10	31 41	56 64	>100 >100
14	LN-1	碳酸钾	－15	9	—	31	39	104

注:1 表中数据为普通硅酸盐水泥试验成果,其他品种水泥另行试验。

2 试验养护条件一般为负温养护到 90 d,其中仅个别产品的强度达到 96%,大多在 95% 以上,养护期中转入正温养护时,其强度还有所提高。

3）钢筋混凝土掺用氯盐类防冻剂时,氯盐掺量不得大于水泥质量的 1.0%。掺用氯盐的混凝土应振捣密实,且不宜采用蒸汽养护。

7 在下列情况下,不得在钢筋混凝土结构中掺用氯盐:

1）排出大量蒸汽的车间、浴池、游泳馆、洗衣房和经常处于空气相对湿度大于 80% 的房间以及有顶盖的钢筋混凝土蓄水池等在高湿度空气环境中使用的结构。

2）处于水位升降部位的结构。

3）露天结构或经常受雨、水淋的结构。

4）与镀锌钢材或铝铁相接触的结构,和有外露钢筋、预埋件而无防护措施的结构。

5）与含有酸、碱或硫酸盐等侵蚀介质相接触的结构。

6）使用过程中经常处于环境温度为 60 ℃以上的结构。

7）使用冷拉钢筋或冷拔低碳钢丝的结构。

8）薄壁结构,中级和重级工作制吊车梁、屋架、落锤或锻锤基础结构。

9）电解车间和直接靠近直流电源的结构。

10）直接靠近高压电源(发电站、变电所)的结构。

11）预应力混凝土结构。

8 模板外和混凝土表面覆盖的保温层,不应采用潮湿状态的材料,也不应将保温材料直接铺盖在潮湿的混凝土表面,新浇混凝土表面应铺一层塑料薄膜。

9 采用加热养护的整体结构,浇筑程序和施工缝位置的设置,应采取能防止产生较大温度应力的措施。加热温度超过 45 ℃时,应进行温度应力核算。

10 型钢混凝土组合结构,浇筑混凝土前应对型钢进行预热,预热温度宜大于混凝土入模温度,预热方法可按本手册第 11.4.5 条相关规定进行。

11 混凝土施工缝的处理应符合本手册第 8.1.3 条相关要求。

12 混凝土开始养护的温度应按施工方案通过热工计算确定,但不低于5 ℃,细薄截面结构不低于10 ℃。保证混凝土的出机温度不低于10 ℃。

13 混凝土原材料加热、搅拌、运输冬期施工措施详见本手册第5.1节相关规定。

11.4.2 混凝土浇筑

1 混凝土浇筑前,应清除模板及钢筋上的冰雪和污垢。

2 混凝土浇筑应采用分层连续的方法浇筑,分层厚度不得小于20 cm。

3 混凝土采用地泵浇筑的,搭设地泵防风棚,防风棚尺寸为长5 m、宽2.5 m、高3 m,防风棚顶部满铺木模板,棚顶及侧面采用两层20 mm厚阻燃棉被及一层防水彩条布进行围裹,在混凝土泵体料斗、混凝土泵管上包裹20 mm厚阻燃棉被及一层防水彩条布。使用汽车泵浇筑的,泵管上包裹保温措施同地泵泵管,如图11.4.2—1、图11.4.2—2所示。

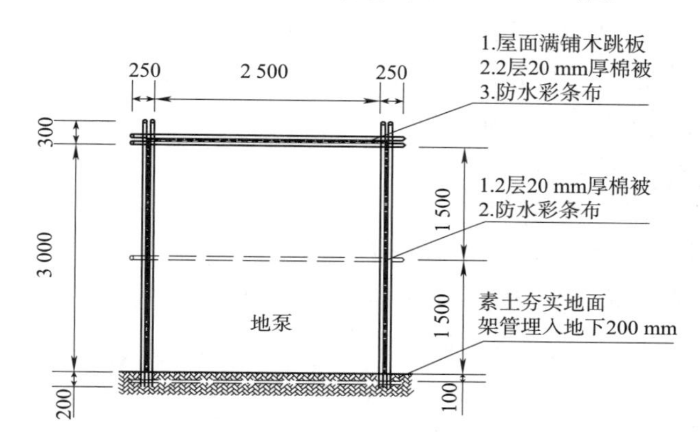

图11.4.2—1 地泵防风棚构造(单位:mm)

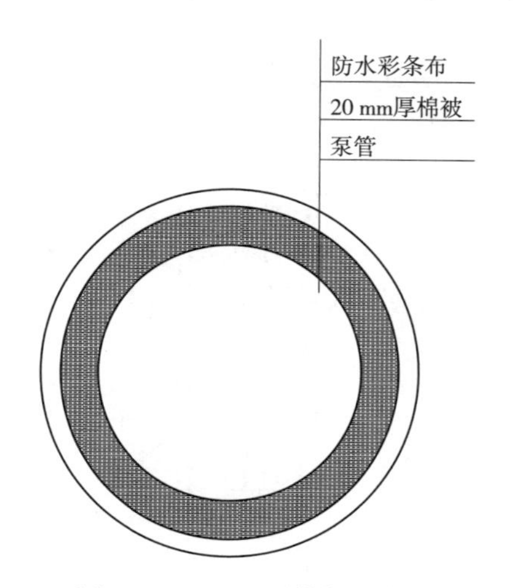

图11.4.2—2 泵管保温措施

4 冬期不得在强冻胀性地基土上浇筑混凝土;在弱冻胀性地基土上浇筑混凝土时,地基土不得受冻。在非冻胀性地基土上浇筑混凝土时,混凝土受冻临界强度应符合本手册第11.4.1条的规定。

5 大体积混凝土分层浇筑时,已浇筑层的混凝土在未被上一层混凝土覆盖前,温度不应低于2 ℃。采用加热法养护混凝土时,养护前的混凝土温度也不得低于2 ℃。

11.4.3 混凝土蓄热法和综合蓄热法养护

1 室外最低温度不低于 −15 ℃时,地面以下的工程,或表面系数不大于5 m^{-1}的结构,宜采用蓄热法养护。对结构易受冻的部位,应加强保温措施。

2 室外最低气温不低于 −15 ℃时,对于表面系数为5~15 m^{-1}的结构,宜采用综合蓄热法养护,围护层散热系数宜控制在50~200 kJ/(m^3·h·K)之间。

3 综合蓄热法施工的混凝土中应掺入早强剂或早强型复合外加剂,并应具有减水、引气作用。

4 混凝土浇筑后应采用塑料薄膜等防水材料对裸露表面覆盖并保温。保温材料要求覆盖均匀,边角接茬部位严密并压实。对边、棱角部位的保温层厚度应增大到面部位的2~3倍。混凝土在养护期间应防风、防失水。局部转角、钢筋密布、不便于覆盖的地方,可将保温被剪成小块或长条状填塞,不得有混凝土裸露,以免受冻,边角处阻燃被需增设一层,施工过程中需经常更换损坏的保温被,以免影响保温效果。水平、纵向结构保温措施如图11.4.3—1、图11.4.3—2所示。

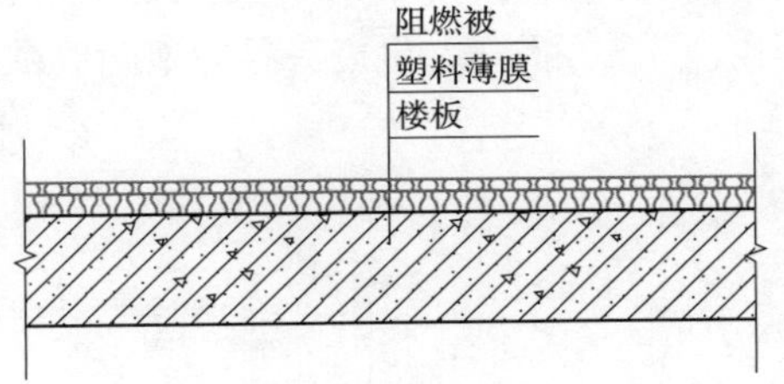

图11.4.3—1 楼板等水平构件养护保温

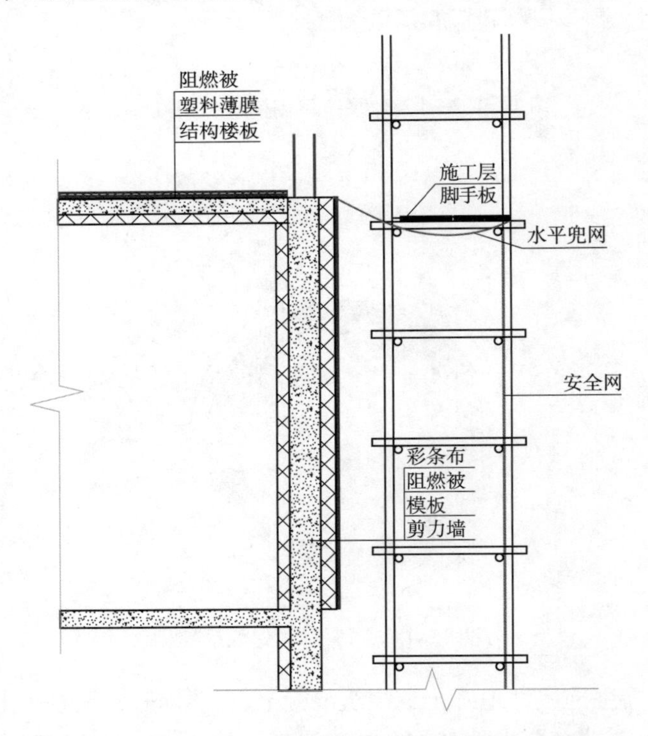

图11.4.3—2 外架封闭及横、纵向结构保温示意图

5　用蓄热法养护不能达到要求时可采用外部热源、加热法养护，养护温度应通过试验确定，并应符合下列规定：

1）整体浇筑的结构，其升温、降温速度要求见表11.4.3—1。

表11.4.3—1　混凝土升温、降温速度要求

结构表面系数	升温速度	降温速度（恒温养护结束后）
≥6 m^{-1}	不得大于15 ℃/h	不得大于10 ℃/h
<6 m^{-1}	不得大10 ℃/h	不得大5 ℃/h

2）养护温度要求见表11.4.3—2。

表11.4.3—2　不同条件下养护温度要求

养护条件		养护温度
蒸汽加热法	采用硅酸盐水泥和普通硅酸盐水泥时	不得高于55 ℃
电热法	结构的表面系数≥15 m^{-1}时	不宜高于35 ℃
	结构的表面系数<15 m^{-1}时	不宜高于40 ℃

11.4.4　混凝土蒸汽养护法

1　混凝土蒸汽养护法可采用棚罩法、蒸汽套法、热模法、内部通汽法等方式进行，其特点及适用范围应符合表11.4.4—1规定。

表11.4.4—1　蒸汽养护法特点及适用范围

方法	简述	特点	适用范围
棚罩法	用帆布或其他罩子扣罩，内部蒸汽养护混凝土	设施灵活、施工简便、费用较小、但耗汽量大，温度不易均匀	预制梁、板、地下基础、沟道等
蒸汽套法	制作密封保温外套，分段送汽养护混凝土	温度能适当控制，加热效果取决于保温构造，设施复杂	现浇梁、板、框架结构，墙、柱等
热模法	模板外侧配置蒸汽管，加热模板养护	加热均匀、温度易控制，养护时间短，设备费用大	墙、柱及框架结构
内部通汽法	结构内部留孔道，通蒸汽加热养护	节省蒸汽，费用较低，入汽端易过热，需处理冷凝水	预制梁、柱、桁架，现浇梁、柱、框架单梁

2　蒸汽养护法应采用低压饱和蒸汽，采用高压蒸汽时，应通过减压阀或过水装置后方可使用。

3　蒸汽养护的混凝土，采用普通硅酸盐水泥时最高养护温度不得超过80 ℃，采用矿渣硅酸盐水泥时可提高到85 ℃。但采用内部通汽法时，最高加热温度不应超过60 ℃。

4　整体浇筑的结构，采用蒸汽加热养护时，升温和降温速度不得超过表11.4.4—2规定。

表 11.4.4—2　蒸汽加热养护混凝土和降温速度

结构表面系数(m^{-1})	升温速度(℃/h)	降温速度(℃/h)
≥6	15	10
<6	10	5

5　蒸汽养护应包括升温、恒温、降温三个阶段,各阶段加热持续时间可根据养护结束时要求的强度确定。

6　采用蒸汽养护的混凝土,可掺入早强剂或非引气型减水剂。但不宜掺用引气剂或引气减水剂。

7　蒸汽加热养护混凝土时,应排除冷凝水,并应防止渗入地基土中。有蒸汽喷出口时,喷嘴与混凝土外露面的距离不得小于 300 mm。

11.4.5　电加热法养护混凝土

1　电加热法养护混凝土的温度应符合表 11.4.5—1 的规定。

表 11.4.5—1　电加热养护混凝土的温度(℃)

水泥强度等级	结构表面系数(m^{-1})		
	<10	10～15	>15
32.5	70	50	45
42.5	40	40	35

注:采用红外线辐射加热时,其辐射表面可采用 70 ℃～90 ℃。

2　电极加热法养护混凝土的适用范围宜符合表 11.4.5—2 的规定。

表 11.4.5—2　电极加热养护混凝土的适用范围

分类		常用电极规格	设置方法	适用范围
内部电极	棒形电极	ϕ6～ϕ12 的钢筋短棒	混凝土浇筑后,将电极穿过模板或在混凝土表面插入混凝土体内	梁、柱、厚度大于 150 mm 的板、墙及设备基础
内部电极	弦形电极	ϕ6～ϕ12 的钢筋,长为 2.0～2.5 m	在浇筑混凝土前,将电极装入,其位置与结构纵向平行。电极两端弯成直角,由模板孔引出	含筋较少的墙、柱、梁、大型柱基础以及厚度大于 200 mm 单侧配筋的板
表面电极		ϕ6 钢筋或厚 1～2 mm、宽 30～60 mm的扁钢	电极固定在模板内侧,或装在混凝土的外表面	条形基础、墙及保护层大于 50 mm 的大体积结构和地面等

3　混凝土采用电极加热法养护应符合下列规定:

1)电路接好应经检查合格后方可合闸送电。结构工程量较大,需边浇筑边通电时,应将钢筋接地线。电加热现场应设安全围栏。

2)棒形和弦形电极应固定牢固,并不得与钢筋直接接触。电极与钢筋之间的距离应符合表 11.4.5—3 的规定;因钢筋密度大而不能保证钢筋与电极之间的距离满足表 11.4.5—3 的规定时,应采取绝缘措施。

表 11.4.5—3　电极与钢筋之间的距离

工作电压(V)	最小距离(mm)
65.0	50～70
87.0	80～100
106.0	120～150

3）电极加热法应采用交流电。电极的形式、尺寸、数量及配置应能保证混凝土各部位加热均匀,且应加热到设计的混凝土强度标准值的50%。在电极附近的辐射半径方向每隔10 mm距离的温度差不得超过1 ℃。

4）电极加热应在混凝土浇筑后立即送电,送电前混凝土表面应保温覆盖。混凝土在加热养护过程中,洒水应在断电后进行。

4　混凝土采用电热毯法养护应符合下列规定:

1）电热毯宜由四层玻璃纤维布中间夹以电阻丝制成。其几何尺寸应根据混凝土表面或模板外侧与龙骨组成的区格大小确定;电热毯的电压宜为60～80 V,功率宜为75～100 W。

2）布置电热毯时,在模板周边的各区格应连续布毯,中间区格可间隔布毯。并应与对面模板错开。电热毯外侧应设置岩棉板等性质的耐热保温材料。

3）电热毯养护的通电持续时间应根据气温及养护温度确定,可采取分段、间断或连续通电养护工序。

5　混凝土采用工频涡流法养护应符合下列规定:

1）工频涡流法养护的涡流管应采用钢管,其直径宜为12.5 mm,壁厚宜为3 mm。钢管内穿铝芯绝缘导线,其截面宜为25～35 mm^2,技术参数宜符合表11.4.5—4的规定。

表 11.4.5—4　工频涡流管技术参数

项　　目	取　　值
饱和电压降值(V/m)	1.05
饱和电流值(A)	200
钢管极限功率(W/m)	195
涡流管间距(mm)	150～250

2）各种构件涡流模板的配置应通过热工计算确定,也可按下列规定配置:

①柱:四面配置。

②梁:高宽比大于2.5时,侧模宜采用涡流模板,底模宜采用普通模板;高宽比小于等于2.5时,侧模和底模皆宜采用涡流模板。

③墙板:距墙板底部600 mm范围内,应在两侧对称拼装涡流板;600 mm以上部位,应在两侧采用涡流和普通钢模交错拼装,并应使涡流模板对应面为普通模板。

④梁、柱节点：可将涡流钢管插入节点内，钢管总长度应根据混凝土量按 6.0 kW/m^3 功率计算；节点外围应保温养护。

3）采用工频涡流法养护时，各阶段送电功率应使预养与恒温阶段功率相同，升温阶段功率应大于预养阶段功率的 2.2 倍。预养、恒温阶段的变压器一次接线为 Y 形，升温阶段接线应为△形。

6 线圈感应加热法宜用于梁、柱结构，以及各种装配式钢筋混凝土结构的接头混凝土的加热养护；亦可用于型钢混凝土组合结构的钢体、密筋结构的钢筋和模板预热，以及受冻混凝土结构构件的解冻。

7 混凝土采用线圈感应加热养护应符合下列规定：

1）变压器宜选择 50 kVA 或 100 kVA 低压加热变压器，电压宜在 36～110 V 间调整。混凝土量较少时，也可采用交流电焊机。变压器的容量宜比计算结果增加 20%～30%。

2）感应线圈宜选用截面面积为 35 mm^2 铝质或铜质电缆，加热主电缆的截面面积宜为 150 mm^2。电流不宜超过 400 A。

3）缠绕感应线圈时，宜靠近钢模板。构件两端线圈导线的间距应比中间加密一倍，加密范围宜由端部开始向内至一个线圈直径的长度为止。端头应密缠 5 圈。

4）最高电压值宜为 80 V，新电缆电压值可采用 100 V，但应确保接头绝缘。养护期间电流不得中断，并应防止混凝土受冻。

5）通电后应采用钳形电流表和万能表随时检查测定电流，并应根据具体情况随时调整参数。

8 采用电热红外线加热器对混凝土进行辐射加热养护，宜用于薄壁钢筋混凝土结构和装配式钢筋混凝土结构接头处混凝土加热，加热温度应符合本手册表 11.4.5—1 的规定。

11.4.6 暖棚法施工

1 暖棚法施工适用于地下结构工程和混凝土构件比较集中的工程。

2 暖棚具体构造应通过暖棚结构受力计算确定。构造组成如图 11.4.6—1 所示，主要物资设备参考表 11.4.6。

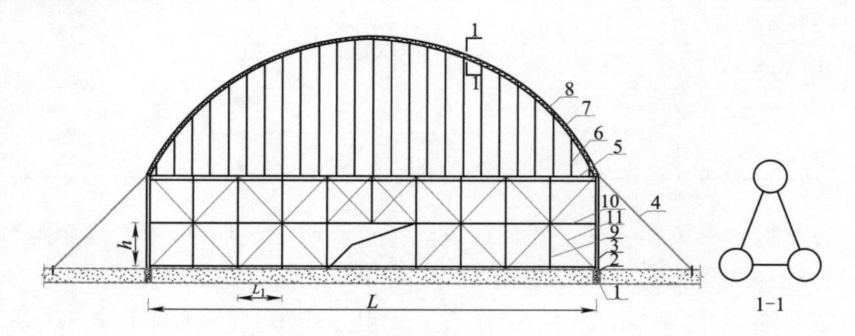

图 11.4.6—1 暖棚构造示意图

1—立柱基础；2—柱脚埋件；3—立柱；4—缆风绳；5—屋顶下弦；6—连接立杆；7—屋顶上弦；8—围护材料；9—立杆；10—横杆；11—剪刀撑；L—暖棚跨度（m），应为结构尺寸与二倍作业面宽度之和；L_1—立杆纵距（m），通过计算得出，不宜超过 1.8 m；h—立杆步距（m），通过计算得出，不宜超过 2 m

表 11.4.6　型钢暖棚冬期施工主要设备材料需求表

序号	设备/材料名称	单位	规格型号	数量	备　　注
1	型钢屋架	榀	跨度 30 m,拱高 10 m	58	间距 1.2 m
2	钢　　管	t	ϕ48×3.6 mm	21	暖棚骨架
3	方钢管檩条	m	40 mm×20 mm×1.5 mm	1 800	间距 1.5 m
4	阻燃棉被	m^2	3 cm 厚	2 900	暖棚保温
5	塑料薄膜	m^2	0.2	2 500	暖棚保温
6	阻燃棉被	m^2	2 cm 厚	4 500	混凝土结构保温
7	聚乙烯彩条篷布	m^2	双面覆膜 100 g/m^2	4 500	混凝土结构保温
8	塑料薄膜	m^2	0.09	4 500	混凝土结构保温
9	电热风幕	台	380 V-18 kW	4	送风量 2 300 m^3/h
10	三 级 箱	台	—	12	
11	灭 火 器	个	—	30	
12	换 气 扇	台	—	4	

注:表中材料设备数量根据 70 m×30 m×15 m 型钢暖棚施工经验确定,具体应根据现场情况计算确定。

3　暖棚通常采用脚手架材料或型钢材料为骨架,用塑料薄膜或帆布围护,塑料薄膜宜使用厚度大于 0.1 mm 的聚乙烯薄膜。加热宜采用电、燃气、煤油或蒸汽为能源的热风机或散热器。

4　暖棚屋面宜采用坡顶或弧顶,可采用成型屋面骨架拼装,亦可采用钢管桁架搭设;屋顶应留有上人通道以方便清除积雪。屋面可留有吊装口,吊装口不宜过大,且有必要的结构加固措施。坡型钢管桁架屋面如图 11.4.6—2 所示。

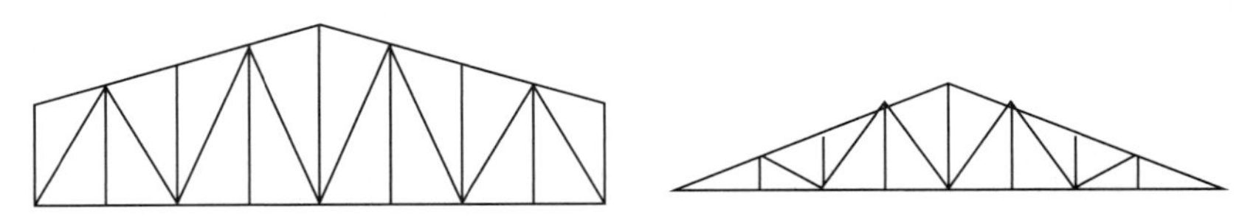

图 11.4.6—2　坡型钢管桁架屋面示意图

5　暖棚法施工应符合下列规定:

1）应设专人监测混凝土及暖棚内温度,暖棚内各测点温度不得低于 5 ℃。测温点应选择其有代表性位置进行布置。应在距地面 500 mm 高度处设点,每昼夜测温不应少于 4 次。

2）养护期间应监测暖棚内的相对湿度,混凝土不得有失水现象,否则应及时采取增湿措施或在混凝土表面洒水养护。

3）暖棚的出入口应设专人管理,并应采取防止棚内温度下降或引起风口处混凝土受冻的措施。

4）在混凝土养护期间应将烟或燃烧气体排至棚外。并应采取防止烟气中毒和防火的措施。

6 暖棚法工艺流程如图 11.4.6—3 所示。

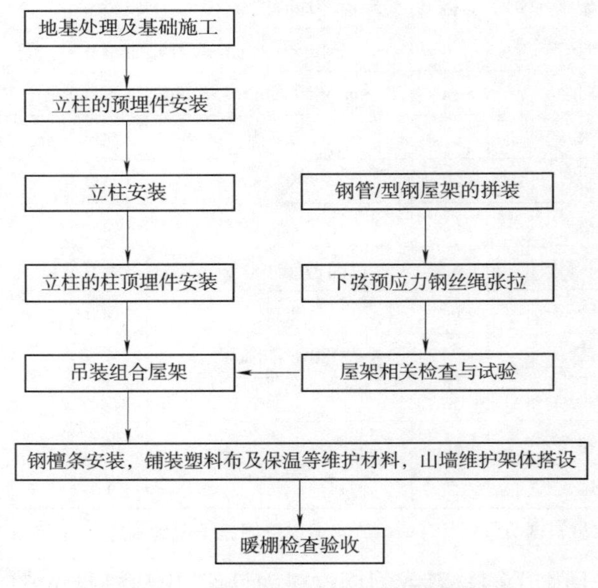

图 11.4.6—3 暖棚搭设工艺流程图

11.4.7 负温养护法

1 混凝土负温养护法适用于不易加热保温,且对强度增长要求不高的一般混凝土结构工程。

2 负温养护法施工的混凝土,应以浇筑后 5 d 内的预计日最低气温来选用防冻剂,起始养护温度不应低于 5 ℃。

3 混凝土浇筑后,裸露表面应采取保湿措施;同时,应根据需要采取必要的保温覆盖措施。

4 负温养护法施工应按本手册第 11.4.9 条规定加强测温;混凝土内部温度降到防冻剂规定温度之前,混凝土的抗压强度应符合本手册第 11.4.1 条的规定。

11.4.8 硫铝酸盐水泥混凝土负温施工

1 硫铝酸盐水泥混凝土可在不低于 −25 ℃环境下施工,适用于下列工程:

1）工业与民用建筑工程的钢筋混凝土梁、柱、板、墙的现浇结构。

2）多层装配式结构的接头以及小截面和薄壁结构混凝土工程。

3）抢修、抢建工程及有硫酸盐腐蚀环境的混凝土工程。

2 使用条件经常处于温度高于 80 ℃的结构部位或有耐火要求的结构工程,不宜采用硫铝酸盐水泥混凝土施工。

3 硫铝酸盐水泥混凝土冬期施工可选用 $NaNO_2$ 防冻剂或 $NaNO_2$ 与 Li_2CO_3 复合防冻剂,其掺量可按表 11.4.8 选用。

表 11.4.8 硫铝酸盐水泥用防冻剂掺量表

环境最低气温(℃)		≥-5	-5~-15	-15~-25
单掺 $NaNO_2$(%)		0.50~1.00	1.00~3.00	3.00~4.00
复掺 $NaNO_2$ 与 Li_2CO_3(%)	$NaNO_2$	0.00~1.00	1.00~2.00	2.00~4.00
	Li_2CO_3	0.00~0.02	0.02~0.05	0.05~0.10

注:防冻剂掺量按水泥质量百分比计。

4 拼装接头或小截面构件、薄壁结构施工时,应适当提高拌和物温度,并应加强保温措施。

5 硫铝酸盐水泥可与硅酸盐类水泥混合使用,硅酸盐类水泥的掺用比例应小于10%。

6 硫铝酸盐水泥混凝土可采用热水拌和,水温不宜超过50 ℃,拌和物温度宜为5 ℃~15 ℃,坍落度应比普通混凝土增加10~20 mm。水泥不得直接加热或直接与30 ℃以上热水接触。

7 采用机械搅拌和运输车运输,卸料时应将搅拌筒及运输车内混凝土排空,并应根据混凝土凝结时间情况,及时清洗搅拌机和运输车。

8 混凝土应随拌随用,在拌制结束30 min内浇筑完毕,混凝土入模温度不得低于2 ℃。混凝土因凝结或冻结而降低流动性后,不得二次加水拌和使用。

9 混凝土浇筑后,应立即在混凝土表面覆盖一层塑料薄膜防止失水,并应根据气温情况及时覆盖保温材料。

10 混凝土养护不宜采用电热法或蒸汽法。混凝土结构体积较小时,可采用暖棚法养护,但养护温度不宜高于30 ℃;混凝土结构体积较大时,可采用蓄热法养护。

11.4.9 混凝土质量控制及检查

1 混凝土冬期施工质量检查除应符合现行国家标准《混凝土结构工程施工质量验收规范》GB 50204以及国家现行有关标准规定外,尚应符合下列规定:

1) 应检查外加剂质量及掺量;外加剂进入施工现场后应进行抽样检验,合格后方准使用。

2) 应根据施工方案确定的参数检查水、骨料、外加剂溶液和混凝土出机、浇筑、起始养护时的温度。

3) 应检查混凝土从入模到拆除保温层或保温模板期间的温度。

4) 采用预拌混凝土时,原材料、搅拌、运输过程中的温度及混凝土质量检查应由预拌混凝土生产企业进行,并应将记录资料提供给施工单位。

2 施工期间的测温项目与频次应符合本手册第5.1.9条相关要求。

3 混凝土养护期间的温度测量应符合下列规定:

1) 采用蓄热法或综合蓄热法时,在达到受冻临界强度之前应每隔4~6 h测量一次。

2) 采用负温养护法时,在达到受冻临界强度之前应每隔2 h测量一次。

3）采用加热法时，升温和降温阶段应每隔 1 h 测量一次，恒温阶段每隔 2 h 测量一次。

4）混凝土在达到受冻临界强度后，可停止测温。

5）大体积混凝土养护期间的温度测量尚应符合现行国家标准《大体积混凝土工程施工规范》GB 50496 的相关规定。

4 养护温度的测量方法应符合下列规定：

1）测温孔应编号，并应绘制测温孔布置图，现场应设置明显标识。

2）测温时，测温元件应采取措施与外界气温隔离；测温元件测量位置应处于结构表面下 20 mm 处，留置在测温孔内的时间不应少于 3 min。

3）采用非加热法养护时，测温孔应设置在易于散热的部位；采用加热法养护时，应分别设置在离热源不同的位置。

5 混凝土质量检查应符合下列规定：

1）应检查混凝土表面是否受冻、粘连、收缩裂缝，边角是否脱落，施工缝处有无受冻痕迹。

2）应检查同条件养护试块的养护条件是否与结构实体相一致。

3）按《建筑工程冬期施工规程》JGJ/T 104—2011 附录 B 成熟度法推定混凝土强度时，应检查测温记录与计算公式要求是否相符。

4）采用电加热养护时，应检查供电变压器二次电压和二次电流强度，每一工作班不应少于两次。

6 模板和保温层在混凝土达到要求强度并冷却到 5 ℃后方可拆除。拆模时混凝土表面与环境温差大于 20 ℃时，混凝土表面应及时覆盖，缓慢冷却。

7 混凝土抗压强度试件的留置除应按现行国家标准《混凝土结构工程施工质量验收规范》GB 50204 规定进行外，尚应增设不少于两组同条件养护试件。

11.5 保温及防水工程

11.5.1 一般规定

1 适用范围：房建屋面、墙体、地下结构保温及防水工程、地道防水工程、雨棚屋面防水工程、综合管沟及其他构筑物防水工程。

2 保温工程、防水工程冬期施工应选择晴朗天气进行，不得在雨、雪天和 5 级风及以上或基层潮湿、结冰、霜冻条件下进行。

3 保温及防水工程应依据材料性能确定施工气温界限，最低施工环境气温宜符合表 11.5.1 的规定。

表 11.5.1 保温及防水工程施工环境气温要求

防水与保温材料	施工环境气温
粘接保温板	有机胶粘剂不低于 -10 ℃；无机胶粘剂不低于 5 ℃
现喷硬泡聚氨酯	15 ℃ ~30 ℃

续表 11.5.1

防水与保温材料	施工环境气温
高聚物改性沥青防水卷材	热熔性不低于 -10 ℃
合成高分子防水卷材	冷粘法不低于 5 ℃;焊接法不低于 -10 ℃
高聚物改性沥青防水涂料	溶剂型不低于 5 ℃;热熔型不低于 -10 ℃
合成高分子防水涂料	溶剂型不低于 -5 ℃
防水混凝土、防水砂浆	符合本手册混凝土、砂浆相关规定
改性石油沥青密封材料	不低于 0 ℃
合成高分子密封材料	溶剂型不低于 0 ℃

4　保温与防水材料进场后,应存放于通风、干燥的暖棚内,并严禁接近火源和热源。棚内温度不宜低于 0 ℃,且不得低于本手册表 11.5.1 规定的温度。

5　屋面防水施工时,应先做好排水比较集中的部位,凡节点部位均应加铺一层附加层。

6　施工时,应合理安排隔气层、保温层、找平层、防水层的各项工序,连续操作,已完成部位应及时覆盖,防止受潮与受冻。穿过屋面防水层的管道、设备或预埋件,应在防水施工前安装完毕并做好防水处理。

11.5.2　外墙外保温工程施工

1　外墙外保温工程冬期施工宜采用 EPS 板薄抹灰外墙外保温系统、EPS 板现浇混凝土外墙外保温系统或 EPS 钢丝网架板现浇混凝土外墙外保温系统。

2　建筑外墙外保温工程冬期施工最低温度不应低于 -5 ℃。

3　外墙外保温工程施工期间以及完工后 24 h 内,基层及环境空气温度不应低于 5 ℃。

4　进场的 EPS 板胶粘剂、聚合物抹面胶浆应存放于暖棚内。液态材料不得受冻,粉状材料不得受潮,其他材料应符合本章有关规定。

5　EPS 板薄抹灰外墙外保温系统应符合下列规定:

1)应采用低温型 EPS 板胶粘剂和低温型聚合物抹面胶浆,并应按产品说明书要求使用。

2)低温型 EPS 板胶粘剂和低温型聚合物抹面胶浆的性能应符合表 11.5.2—1 和表 11.5.2—2 的规定。

3)胶粘剂和聚合物抹面胶浆拌和温度皆应高于 5 ℃,聚合物抹面胶浆拌和水温度不宜大于 80 ℃,且不宜低于 40 ℃。

4)拌和完毕的 EPS 板胶粘剂和聚合物抹面胶浆每隔 15 min 搅拌一次,1 h 内使用完毕。

5)施工前应按常温规定检查基层施工质量,并确保干燥、无结冰、无霜冻。

6)EPS 板粘贴应保证有效粘贴面积大于 50%。

7)EPS 板粘贴完毕后,应养护至表 11.5.2—1、表 11.5.2—2 规定强度后方可进行面层薄抹灰施工。

表 11.5.2—1　低温型 EPS 板胶粘剂技术指标

试验项目		性能指标
拉伸粘接强度(MPa)(与水泥砂浆)	原强度	≥60
	耐水	≥0.40
拉伸粘接强度(MPa)(与 EPS 板)	原强度	≥0.10,破坏界面在 EPS 板上
	耐水	≥0.10,破坏界面在 EPS 板上

表 11.5.2—2　低温型 EPS 板聚合物抹面胶浆技术指标

试验项目		性能指标
拉伸粘接强度(MPa)(与 EPS 板)	原强度	≥0.10,破坏界面在 EPS 板上
	耐水	≥0.10,破坏界面在 EPS 板上
	耐冻融	≥0.10,破坏界面在 EPS 板上
柔韧性	抗压强度/抗折强度	≤3.00

注:低温型胶粘剂与聚合物抹面胶浆检验方法与常温一致,试件养护温度取施工环境温度。

6　EPS 板现浇混凝土外墙外保温系统和 EPS 钢丝网架板现浇混凝土外墙外保温系统冬期施工应符合下列规定:

1)施工前应经过试验确定负温混凝土配合比,选择合适的混凝土防冻剂。

2)EPS 板内外表面应预先在暖棚内喷刷界面砂浆。

3)EPS 板现浇混凝土外墙外保温系统和 EPS 外钢丝网架板现浇混凝土外墙外保温系统的外抹面层施工应符合本手册第 11.6 节的有关规定,抹面抗裂砂浆中可掺入非氯盐类砂浆防冻剂。

4)抹面层厚度应均匀,钢丝网应完全包覆于抹面层中;分层抹灰时,底层灰不得受冻,抹灰砂浆在硬化初期应采取保温措施。

7　其他施工技术要求应符合现行行业标准《外墙外保温工程技术标准》JGJ 144 的相关规定。

11.5.3　屋面保温层施工

1　屋面保温材料应符合设计要求,且不得含有冰雪、冻块和杂质。

2　干铺的保温层可在冬期施工;采用沥青胶结的保温层应在气温不低于 –10 ℃时施工;采用水泥、石灰或其他胶结料胶结的保温层应在气温不低于 5 ℃时施工。气温低于上述要求时,应采取保温、防冻措施。

3　干铺的板状保温材料在负温施工时,板材应在基层表面铺平垫稳,分层铺设。板块上下层缝应相互错开,缝间隙应采用同类材料的碎屑填嵌密实。

4　采用水泥砂浆粘贴板状保温材料以及处理板间缝隙,可采用掺有防冻剂的保温砂浆。防冻剂掺量应通过试验确定。

5　倒置式屋面进行冬期施工时应符合以下要求:

1）倒置式屋面冬期施工应选用憎水性保温材料，施工前应检查防水层平整度及有无结冰、霜冻或积水现象，满足要求后方可施工。

2）采用 EPS 板或 XPS 板做倒置式屋面的保温层，可用机械方法固定，板缝和固定处的缝隙应采用同类材料碎屑和密封材料填实，表面应平整无瑕疵。

11.5.4 屋面找平层施工

1 找平层应牢固坚实、表面无凹凸、起砂、起鼓现象。如有积雪、残留冰霜、杂物等应清扫干净，并应保持干燥。

2 采用水泥砂浆或细石混凝土找平层时，应符合下列规定：

1）应依据气温和养护温度要求掺入防冻剂，且掺量应通过试验确定。

2）采用氯化钠作为防冻剂时，宜选用普通硅酸盐水泥或矿渣硅酸盐水泥，不得使用高铝水泥。施工温度不应低于 −7 ℃。氯化钠掺量可按表 11.5.4 采用。

表 11.5.4 氯化钠掺量

施工时室外气温(℃)		0 ~ −2	−3 ~ −5	−6 ~ −7
氯化钠掺量(占水泥质量百分比,%)	用于平面部位	2	4	6
	用于檐口及天沟等部位	3	5	7

3 找平层宜留设分格缝，缝宽宜为 20 mm，并应填充密封材料。分格缝兼作排汽屋面的排汽道时，可适当加宽，并应与保温层连通。找平层表面宜平整，平整度不应超过 5 mm，且不得有酥松、起砂、起皮现象。

11.5.5 防水层施工

1 高聚物改性沥青防水卷材、合成高分子防水卷材、高聚物改性沥青防水涂料、合成高分子防水涂料等防水材料的物理性能应符合现行国家标准《屋面工程质量验收规范》GB 50207 的相关规定。

2 冷粘法施工宜采用合成高分子防水卷材。胶粘剂应采用密封桶包装，储存在通风良好的室内，不得接近火源和热源。

3 涂膜屋面防水施工应选用溶剂型合成高分子防水涂料。涂料进场后，应储存于干燥、通风的室内，环境温度不宜低于 0 ℃，并应远离火源。

11.5.6 隔气层施工

隔气层可采用气密性好的单层卷材或防水涂料。冬期施工采用卷材时，可采用花铺法施工，卷材搭接宽度不应小于 80 mm。采用防水涂料时，宜选用溶剂型涂料。隔气层施工的温度不应低于 −5 ℃。

11.5.7 地下结构防水施工

1 地下结构找平层冬期施工应符合本手册 11.5.4 条相关要求。

2 地下结构立面防水冬期施工相关要求：

1）采用外防内粘法施工时，砖保护墙砌筑及抹灰冬期施工应分别符合本手册第 11.2 节及第 11.6 节相关要求，防水层冬期施工应符合本手册第 11.5.5 条相关要求。

2）采用外防外粘法施工时,防水层冬期施工应符合本手册第 11.5.5 条相关要求。

3 小型构筑物采用刚性防水时常采用防水砂浆,其配合比及相关做法应符合设计要求。冬期施工刚性防水层应符合本手册 11.5.4 条的规定。

11.6 装饰装修工程

11.6.1 一般规定

1 适用范围:房建装饰装修工程、地道抹灰、地道饰面板(砖)、地道顶棚装饰工程、进出口台阶及斜坡走道表面装饰工程、人行天桥饰面板(砖)、块材铺面站台面、雨棚装饰工程。

2 室外建筑装饰装修工程施工不得在 5 级及以上大风或雨、雪天气下进行。施工前,应采取挡风措施。

3 外墙饰面板、饰面砖及马赛克饰面工程采用湿贴法作业时,应采取措施将作业温度提高到 5 ℃以上,或变更施工工艺为干挂施工。

4 外墙抹灰面涂料施工时,抹灰砂浆所掺的防冻剂与所用涂料应有良好相溶性,掺量和工艺应通过试验确定。

5 装饰装修施工前,应将墙体基层表面的冰、雪、霜等清理干净。

6 室内装饰施工可采用建筑物正式热源、火炉、电热等取暖。采用火炉取暖时,应预防煤气中毒。

7 室内抹灰、块料装饰、粘贴壁纸等施工作业与养护期温度不应低于 5 ℃。

11.6.2 抹灰工程

1 室内抹灰的环境温度不应低于 5 ℃。应将门窗口和孔洞等封堵,施工洞口、运料口及楼梯间等处应封闭保温,具体施工节点如图 11.6.2 所示。

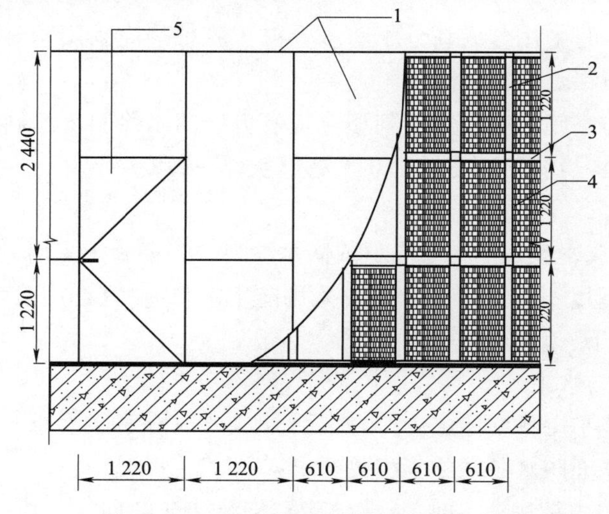

图 11.6.2 临时封堵示意图(单位:mm)

1—水泥纤维板;2—C 形竖向轻钢龙骨;3—C 形横向轻钢龙骨;4—岩棉; 5—临时门

2　室内抹灰工程结束后，在 7 d 以内应保持室内温度不低于 5 ℃。采用热空气加温时，应注意通风，排除湿气。抹灰砂浆中掺入防冻剂时，温度可降低。

3　采用热做法施工所用的砂浆，在正温度房间内集中搅拌，距地面以上 500 mm 处的环境温度应大于等于 5 ℃，并且保持至抹灰层基本干燥，设置通风口或适当开窗，定期通风。

4　采用冷做法施工，砂浆防冻剂的掺量经试验确定。采用氯化钠作为砂浆防冻剂时，其掺量可按表 11.6.2—1 选用。采用亚硝酸钠作为砂浆防冻剂时，其掺量可按表 11.6.2—2 选用。

表 11.6.2—1　砂浆内氯化钠掺量

室外气温(℃)		0 ~ −5	−5 ~ −10
氯化钠掺量(占拌和水质量百分比,%)	挑檐、阳台、雨罩、墙面等抹灰水泥砂浆	4	4 ~ 8
	墙面为水刷石，干粘石水泥砂浆	5	5 ~ 10

表 11.6.2—2　砂浆内亚硝酸钠掺量

室外温度(℃)	0 ~ −3	−4 ~ −9	−10 ~ −15	−16 ~ −20
亚硝酸钠掺量(占水泥质量百分比,%)	1	3	5	8

5　抹灰基层表面有冰、霜、雪时，可采用与抹灰砂浆同浓度的防冻剂溶液冲刷，并应清除表面的尘土；含氯盐的防冻剂禁止用于有高压电源部位和有油漆墙面的水泥砂浆基层。

6　施工要求分层抹灰时，底层不得受冻。抹灰砂浆在硬化初期应采取防止受冻的保温措施；采用氯盐作防冻剂时，砂浆内埋设的铁件均需涂刷防锈漆。

11.6.3　油漆、刷浆、裱糊工程

1　油漆、刷浆、裱糊工程应在采暖条件下进行施工。需要在室外施工时，其最低环境温度不应低于 5 ℃。木料制品含水率不得大于 12%，基层应干燥，湿度应小于等于 5%，不得有冰霜。

2　油漆应搅拌均匀、加盖，调配好当天的使用量；低温条件下使用前应放在热水器中用水间接地加热，不得直接放在火炉、电炉上加热。

3　油漆工程冬期施工时，环境气温需保持均衡，施工后养护两天以上，直至油膜和涂层干透为止。

4　冬期安装木门、窗框后，及时刷底油，防止因北方冬期室内比较干燥，门窗框出现变形。

5　冬期涂料施工，刷油质涂料时，需保证环境温度不宜低于 5 ℃；刷水质涂料时，需保证环境温度不宜低于 3 ℃。

6　冬期涂料涂饰施工时，现场应注意通风、换气和防尘；涂饰材料存放应放置在 5 ℃以上房间，远离阳台门窗，防止冻坏。

11.6.4 饰面砖(板)工程

1 外墙面的饰面板、饰面砖及陶瓷砖施工,冬期施工,应采用暖棚法,暖棚法施工参照本手册第11.4.6条规定。

2 室内墙、地面饰面砖(板)工程铺贴时,环境温度不应低于5 ℃;饰面砖(板)施工前,需将材料搬到室内静置24 h以上。

3 石材墙面冬期施工宜采用背栓式干挂工艺。背栓式干挂即在板面打孔,孔中安装连接挂件,用专用连接件与结构上的专用连接件相连接,避免冬期施工湿作业。施工节点如图11.6.4—1、图11.6.4—2所示。

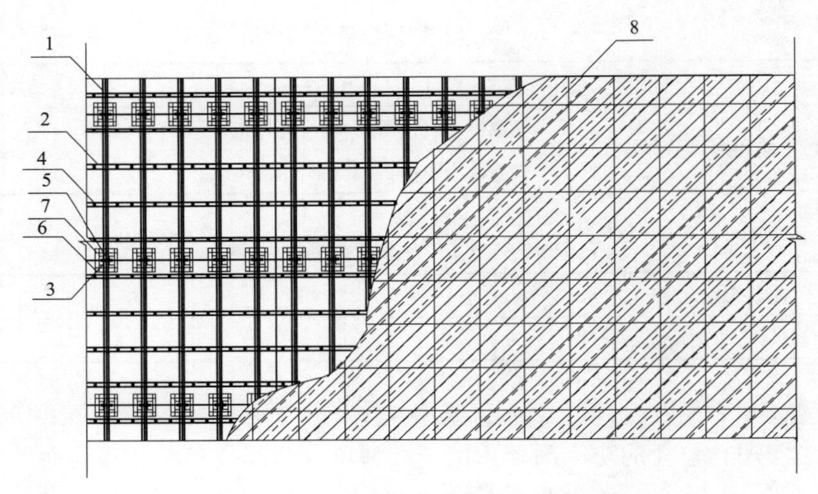

图11.6.4—1　背栓式干挂施工正立面图

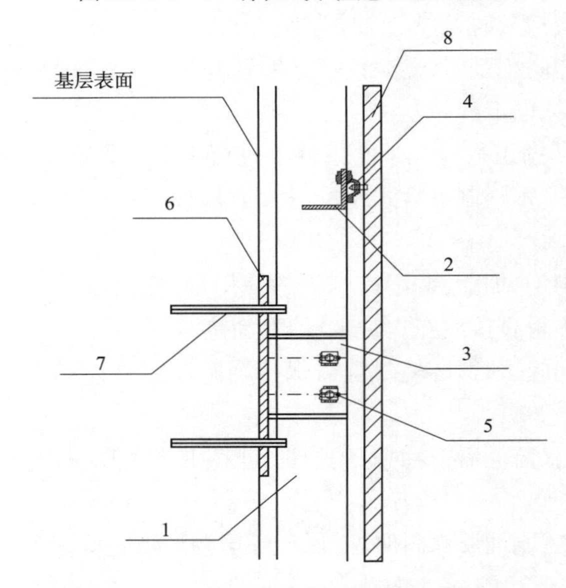

图11.6.4—2　背栓式干挂施工节点构造图

1—方钢纵梁;2—角钢横梁;3—槽钢连接件;4—面板背栓挂件;

5—不锈钢螺栓组件;6—基层连接钢板;7—化学锚栓;8—面砖

4　干挂石材嵌缝应使用中性硅酮耐候密封胶，应采取保温措施将环境温度提到5 ℃以上。

11.6.5　幕墙及玻璃工程

1　幕墙建筑密封胶、结构胶及化学植筋使用环境温度不宜低于 -5 ℃，冬期施工时采取保温措施。

2　幕墙构件正温制作、负温安装时，应考虑构件收缩量，并在施工中采取调整偏差的技术措施。

3　冬期使用的挂件连接件及有关连接材料须附有质量证明书，性能符合设计要求。

4　冬期使用的焊条外露不得超过2 h，超过2 h重新烘焙，焊条烘焙次数不超过3次。

5　环境温度低于0 ℃时，在涂刷防腐涂料前将构件表面冰雪清理干净。

6　从寒冷处运到有采暖设备的室内的玻璃和镶嵌用的合成橡胶等型材，应待其缓暖后方可进行裁割和安装，施工环境温度不宜低于5 ℃。

7　预装门窗玻璃安装、中空玻璃组装施工，宜在保暖的房间内进行。外墙铝合金、塑钢框、扇玻璃安装，应使耐候硅酮密封胶，其施工环境最低气温不宜低于 -5 ℃。

11.7　钢结构工程

11.7.1　一般规定

1　适用范围：铁路房屋建筑及构筑物工程钢结构、人行天桥钢结构工程（构件制作、焊接、螺栓连接、涂装）、雨棚钢结构工程（构件制作、焊接、螺栓连接、涂装）。

2　在冬期进行钢结构的制作和安装时，应按照冬期施工的要求，编制钢结构制作工艺标准和施工组织设计。

3　钢构件在正温下制作，冬期安装时，施工中应采取相应调整偏差的技术措施。

11.7.2　材料

1　冬期施工宜采用Q355钢、Q390钢、Q420钢，其质量应分别符合国家现行标准的规定。

2　冬期施工用钢材，应进行负温冲击韧性试验，合格后方可使用，Q235钢Q355钢试验温度应为0 ℃和 -20 ℃，Q390钢和Q420钢试验温度应为 -20 ℃和 -40 ℃。

3　冬期施工的钢铸件应按现行国家标准《一般工程用铸造碳钢件》GB/T 11352中规定的ZG200-400、ZG230-450、ZG270-500、ZG310-570号选用。

4　冬期钢结构焊接用的焊条、焊丝应在满足设计强度要求的前提下，选择屈服强度较低、冲击韧性较好的低氢型焊条，重要结构可采用高韧性超低氢型焊条。

5　冬期钢结构用低氢型焊条烘焙温度宜为350 ℃～380 ℃，保温时间为1.5～2 h，烘焙后应缓冷存放在110 ℃～120 ℃烘箱内，使用时应取出放在保温筒内，随用随取。冬期使用的焊条外露超过4 h时，应重新烘焙。焊条的烘焙次数不宜超过2次，受潮的焊条不应使用。

6　焊剂在使用前应按照质量证明书的规定进行烘焙，其含水量不得大于0.1%。在冬期露天进行焊接工作时,焊剂重复使用的时间间隔不得超过2 h,超过时应重新进行烘焙。

7 气体保护焊采用的二氧化碳,气体纯度按体积比不宜低于99.5%,含水量按质量比不得超过0.005%。使用瓶装气体时,瓶内气体压力低于1 MPa时应停止使用。在冬期使用时,要检查瓶嘴有无冰冻堵塞现象。

8 在冬期钢结构使用的高强螺栓、普通螺栓应有产品合格证,高强螺栓应在冬期进行扭矩系数、轴力的复验工作,符合要求后方能使用。

9 钢结构使用的涂料应符合冬期涂刷的性能要求,不得使用水基涂料。

11.7.3 钢结构制作

1 钢结构制作流程如图11.7.3所示。

2 钢结构在冬期放样时,切割、铣刨的尺寸,应考虑负温对钢材收缩的影响。端头

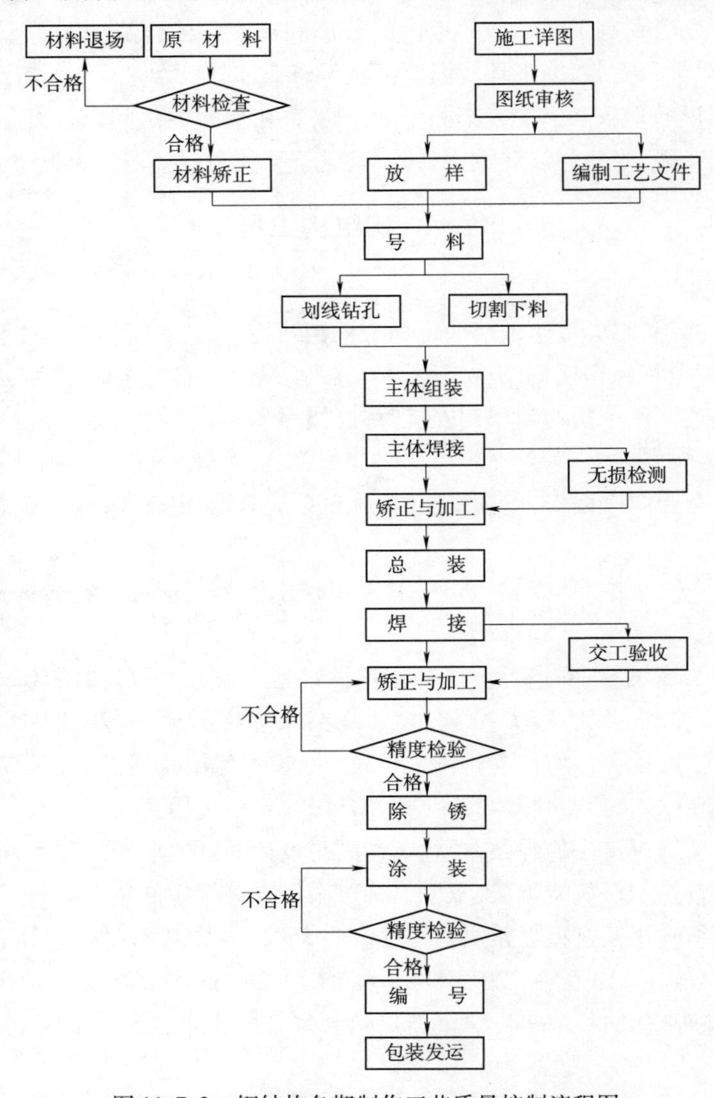

图11.7.3 钢结构冬期制作工艺质量控制流程图

为焊接接头的构件下料时，应根据工艺要求预留焊缝收缩量，多层框架和高层钢结构的多节柱，应预留荷载使柱子产生的压缩变形量。焊接收缩量和压缩变形量应与钢材在冬期产生的收缩变形量相协调。

3 形状复杂和要求在冬期弯曲加工的构件，应按制作工艺规定的方向取料。弯曲构件的外侧不应有大于 1 mm 的缺口和伤痕。

4 普通碳素结构钢工作地点温度低于 −20 ℃、低合金钢工作地点温度低于 −15 ℃时不得剪切、冲孔，如必须进行剪切和冲孔时，应局部进行加热到正温时，方可进行。普通碳素结构钢工作地点温度低于 −16 ℃、低合金结构钢工作地点温度低于 −12 ℃时不得进行冷矫正和冷弯曲。工作地点温度低于 −30 ℃时，不宜进行现场火焰切割作业。

5 冬期对边缘加工的零件，应采用精密切割机加工，焊缝坡口宜采用自动切割。采用坡口机、刨条机进行坡口加工时，不得出现鳞状表面。重要结构的焊缝坡口，应采用机械加工或自动切割加工，不宜采用手工气焊切割加工。

6 构件的组装应按工艺规定的顺序进行，由里往外扩展组拼。在冬期组装焊接结构时，预留焊缝收缩值宜由试验确定，点焊缝的数量和长度应经计算确定。

7 零件组装应把接缝两侧各 50 mm 内铁锈、毛刺、泥土、油污、冰雪等清理干净，并应保持接缝干燥，不得残留水分。

8 焊接预热温度应符合下列规定：

1）焊接作业区环境温度低于 0 ℃时，应将构件焊接区各方向大于或等于 2 倍钢板厚度且不小于 100 mm 范围内的母材，加热到 20 ℃以上时方可施焊，且在焊接过程中均不得低于 20 ℃。

2）冬期焊接中厚钢板、厚钢板、厚钢管的预热温度可由试验确定，无试验资料时可按表 11.7.3—1 选用。

表 11.7.3—1 冬期焊接中厚钢板、厚钢板、厚钢管的预热温度

钢材种类	钢材厚度(mm)	工作地点温度(℃)	预热温度(℃)
普通碳素钢构件	<30	< −30	36
	30~50	−30~−10	36
	50~70	−10~0	36
	>70	<0	100
普通碳素钢管构件	<16	< −30	36
	16~30	−30~−20	36
	30~40	−20~−10	36
	40~50	−10~0	36
	>50	<0	100
低合金钢构件	<10	< −26	36
	10~16	−26~−10	36
	16~24	−10~−5	36
	24~40	−5~0	36
	>40	<0	100~150

9 在冬期构件组装定型后进行焊接应符合焊接工艺规定。单条焊缝的两端应设置引弧板和熄弧板,引弧板和熄弧板的材料应和母材相一致。严禁在焊接的母材上引弧。

10 冬期厚度大于 9 mm 的钢板应分多层焊接,焊缝应由下往上逐层堆焊。每条焊缝应一次焊完,不得中断。发生焊接中断,再次施焊时,应先清除焊接缺陷,合格后方可按焊接工艺规定再继续施焊,且再次预热温度应高于初期预热温度。

11 在冬期露天焊接钢结构时,应考虑雨、雪和风的影响。焊接场地环境温度低于 -10 ℃时,应在焊接区域采取相应保温措施;焊接场地环境温度低于 -30 ℃时,宜搭设临时防护棚。严禁雨水、雪花飘落在尚未冷却的焊缝上。

12 焊接场地环境温度低于 -15 ℃时,应适当提高焊机的电流强度,每降低 3 ℃,焊接电流应提高 2%。

13 采用低氢型焊条进行焊接时,焊接后焊缝宜进行焊后消氢处理,消氢处理的加热温度应为 200 ℃ ~250 ℃,保温时间应根据工件的板厚确定,且每 25 mm 板厚不小于 0.5 h,总保温时间不得小于 1 h,达到保温时间后应缓慢冷却至常温。

14 在冬期厚钢板焊接完成后,在焊缝两侧板厚的 2 ~3 倍范围内,应立即进行焊后热处理,加热温度宜为 150 ℃ ~300 ℃,并宜保持 1 ~2 h。焊缝焊完或焊后热处理完毕后,应采取保温措施,使焊缝缓慢冷却,冷却速度不应大于 10 ℃/min。

15 构件在冬期进行热矫正时,钢材加热矫正温度应控制在 750 ℃ ~900 ℃之间,加热矫正后应保温覆盖使其缓慢冷却。采用冷矫正时,严禁使用锤击敲打,应采用静力方式。

16 在冬期钢构件需成孔时,成孔工艺应选用钻成孔或先冲后扩钻孔。

17 冬期制作的钢构件在进行外形尺寸检查验收时,应考虑检查当时的温度影响。焊缝外观检查应全部合格,等强接头和要求焊透的焊缝应 100% 超声波检查,其余焊缝可按 30% ~50% 超声波抽样检查。如设计有要求时,应按设计要求的数量进行检查。冬期超声波探伤仪探头与钢材接触面,应采用不冻结的油基耦合剂。

18 不合格的焊缝应铲除重焊,应按在冬期钢结构焊接工艺的规定重新施焊,焊后应采用同样的检验标准进行检验。

19 低于 0 ℃的钢构件上涂刷防腐或防火涂层前,应进行涂刷工艺试验。涂刷时应将构件表面的铁锈、油污、边沿孔洞的飞边毛刺等清除干净,并应保持构件表面干燥。可用热风或红外线照射干燥,干燥温度和时间应由试验确定。雨雪天气或构件上有薄冰时不得进行涂刷工作。环境温度低于 -10 ℃时,应停止涂刷作业。环境温度低于 5 ℃、钢结构表面温度低于露点 3 ℃和空气相对湿度大于 85% 时,不得进行金属热喷涂施工操作。露点换算表详见表 11.7.3—2。

表 11.7.3—2 露点换算表

大气环境相对湿度(%)	环境温度(℃)									
	-5	0	5	10	15	20	25	30	35	40
95	-6.5	-1.3	3.5	8.2	13.3	18.3	23.2	28.0	33.0	38.2

续表 11.7.3—2

大气环境相对湿度(%)	环境温度(℃)									
	-5	0	5	10	15	20	25	30	35	40
90	-6.9	-1.7	3.1	7.8	12.9	17.9	22.7	27.5	32.5	37.7
85	-7.2	-2.0	2.6	7.3	12.5	17.4	22.1	27.0	32.0	37.1
80	-7.7	-2.8	1.9	6.5	11.5	16.5	21.0	25.9	31.0	36.2
75	-8.4	-3.6	0.9	5.6	10.4	15.4	19.9	24.7	29.6	35.0
70	-9.2	-4.5	-0.2	4.6	9.1	14.2	18.5	23.3	28.1	33.5
65	-10.0	-5.4	-1.0	3.3	8.0	13.0	17.4	22.0	26.8	32.0
60	-10.8	-6.0	-2.1	2.3	6.7	11.9	16.2	20.6	25.3	30.5
55	-11.5	-7.4	-3.2	1.0	5.6	10.4	14.8	19.1	23.0	28.0
50	-12.8	-8.4	-4.4	-0.3	4.1	8.6	13.3	17.5	22.2	27.1
45	-14.3	-9.6	-5.7	-1.5	2.6	7.0	11.7	16.0	20.2	25.2
40	-15.9	-10.3	-7.3	-3.1	0.9	5.4	9.5	14.0	18.2	23.0
35	-17.5	-12.1	-8.6	-4.7	-0.8	3.4	7.4	12.0	16.1	20.6
30	-19.9	-14.3	-10.2	-6.9	-2.9	1.3	5.2	9.2	13.7	18.0

20 钢结构焊接加固时,应由对应类别合格的焊工施焊;施焊镇静钢板的厚度不大于30 mm时,环境空气温度不应低于-15 ℃,厚度超过30 mm时,温度不应低于0 ℃;施焊沸腾钢板时,环境空气温度应高于5 ℃。

21 栓钉施焊环境温度低于0 ℃时,打弯试验的数量应增加1%;栓钉采用手工电弧焊或其他保护性电弧焊焊接时,其预热温度应符合相应工艺的要求。

11.7.4 钢结构安装

1 冬期运输、堆存钢结构时,应采取防滑措施。构件运输注意清除运输车箱上的冰雪、垫块、拉结点等部分,防止运输过程中构件滑动。构件堆放场地应平整坚实并无水坑,地面无结冰。同一型号构件叠放时,构件应保持水平,垫块应在同一垂直线上,并应防止构件溜滑。

2 钢结构安装前除应按常温规定要求内容进行检查外,尚应根据负温条件下的要求对构件进行详细复验。凡是在制作漏检和运输、堆放中造成的构件变形等,偏差大于规定影响安装质量时,应在地面进行修理、矫正,符合设计和规范要求后方能起吊安装。

3 冬期绑扎、起吊钢构件用的钢索与构件直接接触时,应加防滑隔垫。凡是与构件同时起吊的节点板、安装人员用的挂梯、校正用的卡具,应采用绳索绑扎牢固。直接使用吊环、吊耳起吊构件时应检查吊环、吊耳连接焊缝有无损伤。

4 冬期安装构件时,应根据气温条件编制钢构件安装顺序图表,施工中应按照规定的顺序进行安装。平面上应从建筑物的中心逐步向四周扩展安装,立面上宜从下部逐件往上安装。

5 钢结构安装的焊接工作应编制焊接工艺。在各节柱的一层构件安装、校正、栓接并预留焊缝收缩量后,平面上应从结构中心开始向四周对称扩展焊接,不得从结构外圈向中心焊接,一个构件的两端不得同时进行焊接。冬期对钢构件进行焊接时,严禁对钢构件两端进行刚性固定。

6 构件上有积雪、结冰、结露时,安装前应清除干净,可以用扫除、抹拭等方法清理,也可用火焰、热风清除积雪冰层,但不得损伤涂层。

7 冬期安装钢结构用的专用机具应按负温要求进行检验,应进行提前调试,必要时进行冬期试运行,对特殊要求的高强度螺栓、扳手、超声波探伤仪、测温计等,也需在冬期进行调试和标定。

8 冬期安装柱子、主梁、支撑等大构件时应立即进行校正,位置校正正确后应立即进行永久固定。当天安装的构件,应形成空间稳定体系。

9 高强螺栓接头安装时,构件的摩擦面应干净,不得有积雪、结冰,且不得雨淋,接触泥土、油污等污物。

10 多层钢结构安装时,应限制楼面上堆放的荷载。施工活荷载、积雪、结冰的质量不得超过钢梁和楼板(压型钢板)的承载能力。

11 栓钉焊接前,应根据负温值的大小,对焊接电流、焊接时间等参数进行测定。

12 冬期钢结构安装的质量除应符合现行国家标准《钢结构工程施工质量验收标准》GB 50205 规定外,尚应按设计的要求进行检查验收。

13 钢结构在低温安装过程中,需要进行临时固定或连接时,宜采用螺栓连接形式;需要现场临时焊接时,应在安装完毕后及时清理临时焊缝,防止形成较大应力集中和残余变形。

14 冬期进行钢—混凝土组合结构的组合梁和组合柱施工时,浇筑混凝土前应采取措施对钢结构部分加温至 5 ℃。

11.8 预应力工程

11.8.1 一般规定

适用范围:房建预应力工程、人行天桥混凝土结构预应力工程、雨棚混凝土结构预应力工程。

11.8.2 张拉

1 预应力筋张拉或放张时的环境温度不应低于 −15 ℃。

2 张拉设备工作系统油液应根据环境温度选用,应在使用温度条件下进行配套校验。张拉时两端高压油泵处搭设防风棚,防风棚骨架采用钢管搭设,四周及棚顶安装木胶板,外覆盖塑料布。

11.8.3 注浆

1 冬期进行预应力的注浆施工,对预应力混凝土构件采取保温措施,使浆体温度控制在 5 ℃以上,预应力构件温度达到 5 ℃以上注浆。

2 制浆应根据冬期施工方案选用外加剂,使用无氯盐防冻剂。

3 注浆结束采取覆盖及热风机等保温措施,注浆完毕后 3 d 内达到强度前不低于 5 ℃。

4 封锚混凝土灌注时间选在中午环境温度相对较高的时段进行。封锚混凝土冬期施工相关要求按本手册第 11.4 节相关要求执行。

11.9 混凝土构件安装工程

11.9.1 一般规定

适用范围:房建工程混凝土预制构件安装工程、人行天桥混凝土预制构件安装工程、预制拼装混凝土站台墙混凝土构件安装工程、雨棚混凝土构件安装工程、集装箱与货物堆场连锁块铺面安装工程、声(风)屏障混凝土构件安装工程。

11.9.2 构件的堆放及运输

1 混凝土构件运输及堆放前,应将车辆、构件、垫木及堆放场地的积雪、结冰清除干净,场地应平整、坚实。

2 混凝土构件在冻胀性土壤的自然地面上或冻结前回填地面上堆放时,应符合下列规定:

1) 每个构件在满足刚度、承载力条件下,宜减少支承点数量。

2) 对于大型板、槽板及空心板等板类构件,两端的支点应选用长度大于板宽的垫木。

3) 构件堆放时,如支点为两个及以上时,应采取可靠措施防止土壤的冻胀和融化下沉。

4) 构件用垫木垫起时,地面与构件之间的间隙应大于 150 mm。

3 回填冻土并经一般压实的场地上堆放构件时,构件重叠堆放时间长,应根据构件质量,宜减少重叠层数,底层构件支垫与地而接触面积应适当加大。在冻土融化之前,应采取防止因冻土融化下沉造成构件变形和破坏的措施。

4 构件运输时,混凝土强度不得小于设计混凝土强度等级值 75%。在运输车上的支点设置应按设计要求确定。对于重叠运输的构件,应与运输车固定并防止滑移。

11.9.3 构件的吊装

1 吊车行走的场地应平整,并应采取防滑措施。起吊的支撑点地基应坚实。

2 地锚应具有稳定性,回填冻土的质量应符合设计要求。活动地锚应设防滑措施。

3 构件在正式起吊前,应先松动、后起吊。

4 凡使用滑行法起吊的构件,应采取控制定向滑行,防止偏离滑行方向的措施。

5 多层框架结构的吊装,接头混凝土强度未达到设计要求前,应加设缆风绳等防止整体倾斜的措施。

11.9.4 构件的连接与校正

1 装配整浇式构件接头的冬期施工应根据混凝土体积小、表面系数大、配筋密等特点,采取相应的保证质量措施。

2 构件接头采用现浇混凝土连接时,应符合下列规定:

1) 接头部位的积雪、冰霜等应清除干净。

2) 承受内力接头的混凝土,设计无要求时,其受冻临界强度不应低于设计强度等级值的70%。

3) 接头处混凝土的养护应符合本手册第11.4节有关规定。

4) 接头处钢筋的焊接应符合本手册第11.3节有关规定。

3 混凝土构件预埋连接板的焊接除应符合本手册第11.7节相关规定外,尚应分段连接。并应防止累积变形过大影响安装质量。

4 混凝土柱、屋架及框架冬期安装,在阳光照射下校正时,应计入温差的影响。各固定支撑校正后,应立即固定。

11.10 其他构件安装工程

11.10.1 一般规定

1 适用范围:房建工程其他构件安装工程、人行天桥支座安装、人行天桥棚盖安装、人行天桥栏杆安装、站台附属设施安装、雨棚棚盖安装、灯柱灯塔灯桥安装、静态标志安装、挡车器安装、起重机走行轨道安装。

2 冬期运输、堆存各类构件时,应采取防滑措施。构件堆放场地应平整坚实并无水坑,地面无结冰。同一型号构件叠放时,构件应保持水平,垫块应在同一垂直线上,并应防止构件溜滑。

3 吊车行走的场地应平整,并应采取防滑措施。起吊的支撑点地基应坚实。吊装时地面防滑,清理冰雪,冬期运输、堆存钢结构时,应采取防滑措施。

11.10.2 人行天桥支座安装

1 环氧树脂砂浆冬期施工所用材料应符合下列规定:

1) 制备环氧砂浆的水泥、环氧树脂、二丁酯、二甲苯、乙二胺等原材料应在暖库中妥善保存或采取其他保温措施,遭冻结时应经融化后方可使用。

2) 现场拌制环氧树脂砂浆所用细砂中不得含有直径大于10 mm的冻结块、冰块及其他杂质。

2 冬期施工环氧树脂砂浆的配制及使用应符合下列规定:

1) 环氧树脂砂浆采用铁锅加热制备,搅拌时间不宜小于3 min,搅拌均匀。

2) 环氧树脂砂浆铺设温度不得低于5 ℃。

3) 环氧树脂砂浆应现场随制随用,中途不宜倒运,每次拌量宜在0.5 h内用完。不得使用已冻结的砂浆。

3 环氧树脂砂浆灌注及铺设前,应将预留孔内及垫石混凝土表面清理干净,不得有碎石、浮浆、油污、冰霜等杂质,灌注前充分湿润但不得存有积水。

4 支座安装间歇期,应及时采用电热毯进行保温覆盖或保留暖棚。

5　环氧树脂砂浆制备及支座安装宜采用暖棚法施工,相关要求如下:

1) 根据作业面实际情况选择暖棚搭设形式。环氧树脂砂浆制备时注意暖棚内排烟措施,防止中毒。

2) 暖棚内的最低温度不应低于 5 ℃。

3) 支座环氧树脂砂浆在暖棚内的养护时间应根据暖棚内的温度确定,并应符合表 11.10.2 的规定。

表 11.10.2　暖棚法施工时的砌体养护时间

暖棚内的温度(℃)	5	10	15	20
养护时间(d)	≥6	≥5	≥4	≥3

11.10.3　人行天桥、雨棚棚盖安装

人行天桥、雨棚棚盖设计为钢结构的,其骨架、面板钢结构加工、焊接、涂装冬期施工相关措施及要求参照本手册第 11.7 节相关规定。

11.10.4　人行天桥栏杆安装

设计为钢管栏杆的,钢结构加工、焊接冬期施工相关措施及要求参照本手册第 11.7 节相关规定。

11.10.5　站台附属设施

1　站名牌设计为钢结构的,其加工、焊接冬期施工相关措施及要求参照本手册第 11.7 节相关规定。

2　洗手池、花池设计为砌体结构的,冬期施工相关措施及要求参照本手册第 11.2 节相关规定,表面需贴砖、涂料装饰的,冬期施工相关措施及要求参照本手册第 11.6 节相关规定。

3　站台两侧坡道台阶。

1) 站台端头设计为坡道的,站台填土参照本手册第 11.1 节相关规定,站台墙参照本手册第 11.4 节相关规定,站台铺面参照本手册第 11.6 节相关规定。

2) 站台端头设计为封端墙及台阶的,台阶内填土参照本手册第 11.1 节相关规定,混凝土台阶参照本手册第 11.4 节相关规定,砌筑台阶参照本手册第 11.2 节相关规定,台阶面贴砖装饰参照本手册第 11.6 节相关规定。

4　防护栏杆设计为钢结构的,其加工、焊接冬期施工相关措施及要求参照本手册第 11.7 节相关规定。

11.10.6　灯柱灯塔灯桥安装

灯柱灯塔灯桥的钢结构加工、焊接、高强螺栓连接冬期施工相关措施及要求参照本手册第 11.7 节相关规定。

11.10.7　静态标志安装

静态标志的钢结构加工、焊接、普通螺栓连接冬期施工相关措施及要求参照本手册第 11.7 节相关规定。

11.10.8 挡车器安装

1 砌体式车挡冬期施工相关措施及要求参照本手册第11.2节相关规定。

2 钢结构式车挡冬期施工相关措施及要求参照本手册第11.7节相关规定。

11.10.9 起重机走行轨道安装

起重机走行轨道地基参照本手册第11.1节相关规定,基础混凝土参照本手册第11.3节,第11.4节相关规定。

11.11 脚手架及支撑

11.11.1 一般规定

1 适用范围:铁路房屋建筑及站场构筑物工程。

2 脚手架及支撑架设计应构造合理、连接牢固、搭设与拆除方便、使用安全可靠。

3 编制脚手架冬期施工措施之前,应认真检查核对有关工程地质、水文、当地气温、地基上的冻胀特征及最大冻结深度等资料。

4 冬期施工脚手架及支撑架施工前,应按相应地基承载力进行计算,现场必要时进行地基承载力试验。对于入冬前和已进入冬期施工阶段,分别对地基承载力进行检查,有冻胀和融沉影响场地,必须进行基础处理,可采取换填及硬化表面处理,防止地基变形对脚手架及支撑架产生使用影响。

5 施工场地和建筑物周围应做好排水,地基和基础不得被水浸泡。在山区坡地建造的工程,入冬前应根据地表水流动的方向设置截水沟、泄水沟,不得在建筑物底部设暗沟和盲沟疏水。

6 本手册涉及的冬期施工脚手架及支撑架,可以使用单排脚手架、双排脚手架、结构脚手架、装修脚手架、悬挑脚手架、模板支架。可以选择单双排扣件式钢管脚手架、满堂扣件式钢管脚手架,型钢悬挑扣件式钢管脚手架、满堂式钢管支撑架,碗扣式钢管双排脚手架和模板支撑架、承插型盘扣式钢管支撑架、门式钢管脚手架及支撑架等。

11.11.2 冬期施工措施

1 冬期脚手架及支撑架专项方案设计

1)专项方案考虑所在地区自然条件,冬期增加的雪、风荷载及地基承载力等因素以满足脚手架及支撑架的需要。需考虑冻土地基允许融沉量,融沉量计算方法详见本手册附录A。

2)根据冬期特点,脚手架及支撑架考虑变形增大的因素,增加必要的构造措施、防滑措施。

3)冬期施工脚手架及支撑架专项方案设计时,同时要预留和添加暖棚及加热设施的需要。

2 现场作业

1)不得在未经处理的冻结土上架设脚手架,必要时冻结土要经过处理。

2)遇有6级以上大风、大雪、浓雾等,应立即停止露天搭设工作,雪后作业还应有防滑措施。

3）冬期施工中，定期对脚手架及地基基础进行检查和维护，寒冷地区土层开冻后，必须进行检查。

11.12　越冬工程维护

11.12.1　一般规定

1　对于有采暖要求而不能保证正常采暖的新建工程、跨年施工的在建工程以及停建、缓建工程等，在入冬前均应编制越冬维护方案。

2　越冬工程保温维护，应就地取材，保温层的厚度应由热工计算确定。

3　在制定越冬维护措施之前，应认真检查核对有关工程地质、水文、当地气温以及地基土的冻胀特征和最大冻结深度等资料。

4　施工场地和建筑物周围应做好排水，不得使地基和基础被水浸泡。

5　在山区坡地建造的工程，入冬前应根据地表水流动的方向设置截水沟、泄水沟，但不得在建筑物底部设暗沟和盲沟疏水。

6　按采暖要求设计的房屋竣工后，应及时采暖，室内温度不得低于5 ℃。不能满足上述要求时，应采取越冬防护措施。

11.12.2　在建工程

1　在冻胀土地区建造房屋基础时，应按设计要求做防冻害处理。设计无要求时，应按下列规定进行：

1）采用独立式基础或桩基时，基础梁下部应进行掏空处理。强冻胀性土可预留200 mm，弱冻胀性土可预留100～150 mm，空隙两侧应用立砖挡土回填。

2）采用条形基础、独立基础或短桩基础时应考虑冻胀影响，可在基础侧壁回填厚度为150～200 mm的中粗砂、炉渣或贴一层油纸，其深度宜为800～1 200 mm。

2　设备基础、构架基础、支墩、地下沟道以及地墙等越冬工程，均不得在已冻结的土层上施工，且应进行维护。若上述工程在地基土未冻结时已施工完毕，越冬时有可能遭冻，应采用保温材料覆盖进行维护。

3　支撑在基土上的雨棚、阳台等悬臂构件的临时支柱，入冬后当不能拆除时，其支点应采取保温防冻胀措施。

4　水塔、烟囱、烟道等构筑物基础在入冬前应回填至设计高程。

5　室外地沟、阀门井、检查井等除应回填至设计高程外，尚应覆盖盖板进行越冬维护。

6　供水、供热系统试水、试压后，不能立即投入使用时，在入冬前应将系统内的存、积水排净。

7　地下室、地下水池在入冬前应按设计要求进行越冬维护。设计无要求时，应采取下列措施：

1）基础及外壁侧面回填土应填至设计高程，不具备回填条件时，应填充松土、中粗砂或炉渣进行保温。

2）内部的残存积水应排净；底板应采用保温材料覆盖，覆盖厚度应由热工计算确定。

11.12.3 停、缓建工程

1 冬期停、缓建工程越冬停工时的停留位置应符合下列规定：

1）混合结构可停留在基础上部地梁位置，楼层间的圈梁或楼板上皮标高位置。

2）现浇混凝土框架应停留在施工缝位置。

3）烟囱、冷却塔或筒仓宜停留在基础上皮标高或筒身任何水平位置。

4）混凝土水池底部应按施工缝要求确定，并应设有止水设施。

2 已开挖的基坑或基槽不宜挖至设计标高，应预留 200 ~ 300 mm 土层；越冬时，应对基坑或基槽保温维护，保温层厚度可按本手册附录 A 计算确定，待复工后开挖至设计标高。

3 混凝土结构工程停、缓建时，入冬前混凝土的强度应符合下列规定：

1）越冬期间不承受外力的结构构件，除应符合设计要求外，尚应符合本手册第 11.4.1 条的规定（不低于抗冻临界强度）。

2）装配式结构构件的整浇接头，不得低于设计强度等级值的 70%。

3）预应力混凝土结构不应低于混凝土设计强度等级值的 75%；后张法预应力混凝土孔道灌浆应在正温下进行，灌注的水泥浆或砂浆强度不应低于 20 N/mm^2。

4）升板结构应将柱帽浇筑完毕，混凝土应达到设计要求的强度等级。

4 对于各类停、缓建的基础工程，不能及时回填时顶面均应弹出轴线，标注高程后，用炉渣或松土回填保护。

5 装配式厂房柱子吊装就位后，应按设计要求嵌固好；已安装就位的屋架或屋面梁，应安装支撑系统，并按设计要求固定，形成稳定的结构体系。

6 不能起吊的预制构件，除应符合本手册第 11.9.2 条的规定外，尚应弹上轴线，作好记录。外露铁件应涂刷防锈油漆，螺栓应涂刷防腐油进行保护。构件堆放胎具及支撑点应稳固，构件在满足刚度、承载力条件下宜减少支撑点数量。支撑点数量为 2 个以上时，应考虑基土冻胀和融化下沉影响，采取可靠堆放措施。

7 对于有沉降观测要求的建（构）筑物，应会同有关部门做沉降观测记录。

8 现浇混凝土框架越冬，裸露时间较长时，除应按设计要求留设伸缩缝外，尚应根据建筑物长度和温差留设施工缝。施工缝的位置，应与设计单位研究确定。施工缝伸出的钢筋应进行保护，待复工后应经检查合格方可浇筑混凝土。

9 屋面工程越冬可采取下列简易维护措施：

1）在已完成的基层上，入冬前先做一层卷材防水，待气温转暖复工时，经检查认定该层卷材没有起泡、破裂、皱折等质量缺陷时，方可在其上继续铺贴上层卷材，否则应重新进行屋面防水施工。

2）在已完成的基层上，基层为水泥砂浆无法继续做卷材防水时，可在其上刷一层冷底子油，涂一层热沥青玛蹄脂做临时防水，但雪后应及时清除积雪。气温转暖后，经检查确定该层玛蹄脂没有起层、空鼓、龟裂等质量缺陷时，可在其上涂刷热沥青玛蹄脂铺贴卷材防水层。

10　所有停、缓建工程均应由施工单位、建设单位和工程监理部门，对已完工程在入冬前进行检查和评定，并应做记录，存入工程档案。

11　停、缓建工程复工时，应先按图纸对高程、轴线进行复测，并应与原始记录对应检查，偏差超出允许限值时，应分析原因，提出处理方案，经与设计、建设、监理等单位商定后，方可复工。

12 现场试验检测

12.0.1 冬期施工期间,检测单位应充分分析低温环境对试验系统产生的误差和对检测设备产生的影响,加强对检测结果的分析和确认。

12.0.2 在现场检测项目试验前,检测单位应对施工单位针对不同的试验项目做好技术交底,确认现场的相关准备工作。

12.0.3 施工单位根据试验条件及相关要求提前对被检部位或被检构(配)件做好相应处理,待试验条件满足后开展检测工作。具体要求如下:

1 对于有温度条件要求的现场试验,对检测结构整体或局部可提前采取保温措施进行温度调节,使温度满足试验条件要求。

2 混凝土实体及构(配)件采用回弹法进行强度检测时,检测部位表面不得泛霜或结冰,有浮浆层或不密实的表面应经过打磨处理,避免对回弹结果造成影响。

3 混凝土结构采用超声波、电磁波类检测时,混凝土表面不得存水或结冰,否则会影响传感器及天线与检测面的接触使之产生松动或滑移,并且会增加传感器与混凝土界面间的阻抗,影响超声波、电磁波等各类物理量的传递。

4 路基各项目检测时,填筑材料不得含有冰雪及冻块,分层摊铺后应立即采取碾压,碾压完成后、受冻前应及时进行试验检测。

5 当检测项目以水或其他液体作为辅助材料时(例如桩基声波透射法检测向声测管内注水、钻芯法检测混凝土强度以水作为冷却材料),应对混凝土检测部位(例如桩头、钻孔位置等)进行保温处理,防止水或其他液体在低温环境冻结影响试验操作。

12.0.4 冬期施工期间,各项现场试验项目及设备对检测温度要求详见表 12.0.4。

表 12.0.4 现场检测项目及设备试验温度参考统计表

检测类别	检测项目(方法)	试验温度要求(℃)	温度不满足(低温)时对检测结果的影响
强度检测	回弹法	(-4,40)	温度过低影响回弹仪弹簧弹击力,结果偏小
	超声回弹综合法	(-4,40)	温度过低影响回弹仪弹簧弹击力,结果偏小
抗拔力检测	植筋拉拔	(-10,40)	影响设备(含电池)使用
	锚栓拉拔	(-10,40)	影响设备(含电池)使用
	锚杆拉拔	(-30,45)	影响设备(含电池)使用
主体结构检测	钢筋及保护层厚度	(-10,40)	影响设备(含电池)使用
	混凝土裂缝宽度及深度	(-10,40)	影响设备(含电池)使用

续表 12.0.4

检测类别	检测项目(方法)	试验温度要求(℃)	温度不满足(低温)时对检测结果的影响
钢结构检测	焊缝探伤	(-10,40)	影响设备(含电池)使用
	防火、防腐涂层厚度	(0,40)	影响设备(含电池)使用
附属结构检测	防水层黏结强度	(0,40)	影响设备(含电池)使用
	RPC 盖板集中、均布荷载	(-30,45)	影响设备(含电池)使用
隧道检测	初支(雷达法)	(-10,50)	影响设备(含电池)使用
	衬砌(雷达法)	(-10,50)	影响设备(含电池)使用
	超前地质预报(TRT 法)	(0,40)	影响设备(含电池)使用
	喷射混凝土粘结强度	(-10,40)	影响设备(含电池)使用
地基检测	地基承载力	>0	土层上冻,影响检测结果
	基桩承载力	>0	土层上冻,影响检测结果
	基桩完整性	>0	土层及声测管内水上冻,影响检测结果
路基检测	压实系数	>0	土层上冻,影响检测结果
	地基系数 K_{30}	>0	土层上冻,影响检测结果
	动态变形模量 E_{vd}	>0	土层上冻,影响检测结果
	动力触探	>0	土层上冻,影响检测结果
	标准贯入	>0	土层上冻,影响检测结果

13 冬期施工安全措施

13.1 防冻、防滑措施

13.1.1 路面除雪

1 准备除雪设备及物资，划分除雪责任区，及时清除道路及施工现场积雪。

2 大面积厂区应以机械除雪手段为主，消防通道和生产及辅助系统巡检通道、生活通道应采用人工清雪为主。

3 压实的雪应翻松后装车运至指定地点消融，禁止随意堆放。

4 混入融雪剂的弃雪禁止倒入江河湖水中，堆积消融地点避开农田及植被。

13.1.2 路面除冻

1 施工便道、通道定时洒盐水，特别是坡道、弯道，保证道路无冻结、积冰积雪。

2 路面冰层需要采用人工或机械设备及时凿除后撒工业盐。

3 严禁将废水倒在路面，避免结冰，造成人员摔伤及设备打滑。

4 短期内无法清除的路面积冰，可采取撒砂石、炉渣、煤灰等措施。

13.1.3 厂区及作业面除雪除冰

1 施工操作平台、马道、吊篮等应及时清除积雪、积冰，设置防滑措施。

2 遇有霜、雪、雨天气，施工作业前应将作业通道、作业面上的霜、雪清除，安设防滑条。

3 雨雪过后应及时清除冰雪，临时操作架和临边防护设施应检查合格后方可使用。

13.1.4 人员防滑

1 施工便桥宜采用防滑钢板，跳板应安防滑条，生产生活房屋、厂房出入口宜铺设吸水防滑毯。

2 作业人员应穿防滑鞋，高处作业系安全带，戴棉安全帽，戴防护手套。

3 6 级及以上大风大雪天气，禁止高处作业。

4 冰雪路面行走应膝盖微弯曲，身体向前倾，重心向下，注意脚下小心慢行，禁止跑行；手上不宜拿尖锐细长物品，双手禁止揣在兜里或双手插入袖口。

5 选择较好的路况通行，沿梯阶逐级上下，扶好扶手。

6 人员经常出入口增设防滑跌倒警示标识。

13.1.5 机械设备防滑

1 装载机、运输车等轮胎式机械设备必须安装防滑链或更换新轮胎。

2 遇有 6 级以上大风、大雪、大雾不良气候时停止运行。

3 设备的绳索、卡扣、吊环进行除冰、雪处理。

4 冰雪路面行驶或作业，控制车速，严禁超速，刹车灵活。不可急转向和紧急制动。

5 运输物品进行必要的覆盖、捆绑，防止滑落。

13.2 防火措施

13.2.1 组织措施

1 组织防火、灭火知识培训，开展消防演练。

2 定期开展防火安全专项检查。宿舍内严禁使用煤炭炉、电炉、煤油炉。

3 施工现场禁止采用明火取暖；严格执行动火作业审批制度；动火作业应设安全人员全程监管；动火作业后，应对现场进行检查，确认无火灾隐患。

13.2.2 消防设施管理

1 消防器材应严格按照《建筑灭火器配置设计规范》GB 50140 进行选型及配置。灭火剂适用范围详见表 13.2.2。

2 要害部位设置的防火消防器材，应有醒目标识，应有专职人员负责保管及维修。

3 保管及使用消防器材人员，应掌握消防知识，能正确使用及保养器材。

4 施工现场消防水源及喷水设施采用包裹、保温防冻。

5 冬期施工保温材料，宜为阻燃或不燃材料，进场应对燃烧性能进行检测。

6 定期检查消防器材，超期、缺损应及时更新。

7 电热炉加热设施 5 m 范围内应配足专用灭火器；加热设施 10 m 范围内不应堆放可燃材料。

8 宿舍内按规定配置灭火器，每 50 m^2 设置 1 只灭火器（灭火级别不小于 3 A）。

表 13.2.2 灭火剂适用范围参考表

灭火剂	火灾种类				
	一般固体火灾	可溶液体火灾		带电火灾	金属火灾
		非水溶	水溶		
清水	○	×	×	×	×
蛋白泡沫	○	○	×	×	×
氟蛋白	○	○	×	×	×
轻水泡沫	○	○	×	×	×
合成泡沫	○	○	×	×	×
抗溶泡沫	○	△	○	×	×
二氧化碳	△	○	○	○	×
BC 干粉	△	○	○	○	×
ABC 干粉	○	○	○	○	×
金属干粉	×	×	×	×	○

注：○为适用，△为一般适用，×为不适用。

13.2.3 特殊重点部位防火管理

1 不准在高压架空线下设置临时焊、割作业场、不得堆放建筑材料及可燃品。

2 警告牌、操作规程牌、禁火标志等悬挂醒目齐全。

3 焊、割作业点与危险物品(氧气瓶、电石桶和乙炔发生器等)的距离不得少于10 m,与易燃易爆物品的距离不得少于30 m。

4 乙炔瓶和氧气瓶之间的存放距离不得少于5 m,距明火不得少于10 m。氧气瓶、乙炔发生器及焊割设备上的安全附件应完整有效。

5 现场焊接、切割作业时,下方应设接火盆等防溅射设施。

6 焊、割作业严格执行“十不烧”规定。施工现场必须符合防火要求。

7 裸露的可燃材料5 m范围内,严禁明火作业。

8 冬期防水卷材采用热熔法施工前,应摘除混凝土表面的棉被、草帘及塑料薄膜等保温材料。

9 冬期室内使用油漆及有机溶剂、乙二胺、冷底子油等易挥发易燃气体物资,应保持良好通风,作业场所严禁明火,应避免产生静电。

10 采用锅炉及电加热源养护,应合理布置保温加热设施,避免保温材料因局部受热过大引燃。

11 暖棚内用炭炉养护及加热其他材料,应设专人管理监护,备足消防灭火器材等措施。

12 采用电加热法养护,临电架设需规范加强设备检查维护,配备专业电工定期巡视检查。

13 严禁用火烘烤机械设备,及时更换设备冬期低温油品。

13.2.4 施工材料防火管理

1 仓库内易燃物品按类存放,挂好警示牌,配足灭火器。

2 仓库内设置吸顶照明灯具,离地高度不应低于2.4 m。

3 仓库周边6 m范围以内禁止堆放易燃材料,并配置足够灭火器。

4 冬期可燃材料及易燃易爆危险品应按计划限量进场。可燃材料宜存放库房内,露天存放的,应分类成垛堆放,垛高不应超过2 m,单垛体积不应超过50 m^3,垛间的最小距离不应小于2 m,应采用不燃或难燃材料覆盖。易燃易爆品应分类专库储存,库房内应通风良好,设置严禁明火标志。

13.3 防触电措施

13.3.1 施工现场临时用电应按相关要求,编制临时用电方案。

13.3.2 供电设施投入运行前,应建立、健全供用电管理机构,设立运行、维修专业班组,明确职责及管理范围。

13.3.3 根据用电情况制订用电运行、维修、值班及交接班等管理制度以及各类电气设备、设施安全操作规程。

13.3.4 建立用电安全岗位责任制及考核、奖惩制度,明确各级用电安全负责人。

13.3.5 每年冬季到来之前,需对供电设施进行清扫和检修、接地装置检测,对存在老化、绝缘不良、瓷瓶裂纹以及漏电等线路，进行更换处理。

13.3.6 遇大风、冰雹、雪、霜、雾等恶劣天气，应加强室外供电设施巡视和检查；检查人员应穿绝缘靴且不得靠近避雷器和避雷针。

13.3.7 冬期施工前，需重新计算用电负荷，严禁用电负荷超过供电线路容量。

13.3.8 用电设备不宜露天存放，应采取防风雪措施。

13.3.9 大风雪后，应对供电线路、配电装置等进行检查，及时清扫配电箱、防护棚、架空电缆上的积雪和覆冰。

13.3.10 配电箱内不得存有积雪、积冰、积水，设门加锁，专人管理。配电箱、电器设备应停电后处理潮湿部位，干燥恢复绝缘后，经摇测合格后方可送电作业。

13.3.11 加强办公区、生活区、生产区安全用电检查和管理，严禁乱拉电线。

13.3.12 严禁大风雪天气进行室外露天电工作业。

13.3.13 发电机组周围不得有明火，不得存放易燃、易爆物。发电场所应设置消防设施，消防设施应标识清晰、便于取用。

13.3.14 发电机应设防雨、雪棚，防雨、雪棚应牢固、可靠。

13.3.15 高空架设电缆的支点间距设置应考虑电缆承受自重及风、雪等荷载。

13.4 防中毒措施

13.4.1 暖棚法养护混凝土或其他工程，应预留不少于2个通风口，保证养护棚内通风顺畅。

13.4.2 房屋建筑大型暖棚内部宜安装一氧化碳浓度监控及报警装置，配置不少于两名专职值班人员进行监测和记录。

13.4.3 防水油漆喷涂、焊接等冬期施工宜避免在暖棚等密闭环境作业，必须在密闭环境施工的，应预留通风口，每间隔30 min换气1次，或戴防毒面具进行作业。

13.4.4 冬期隧道作业，易形成有害气体聚集，应优化工序，加强通风及有害气体监测。

13.4.5 通风不良环境，机械尾气排放，易引起作业人员中毒，应优化作业环境，合理规划通风与保温措施。

13.4.6 锅炉房内应干燥，通风良好，防止中毒。

13.4.7 冬期施工应加强中毒急救常识学习，组织应急演练。定期检查通风、排风设备是否正常运转，观察作业人员状态是否有异常。实时关注煤气、一氧化碳等有害气体浓度监测情况。

13.5 压力设备使用安全措施

13.5.1 进入冬期施工前应对锅炉进行全面检修，维护保养。重点检修锅炉受压元件、报警器、蒸汽阀、排污阀和电器仪表运行状态。

13.5.2 操作人员持证上岗，严格执行锅炉操作规程和安全规章制度，做好锅炉的日常检查和维修保养。

13.5.3 增加老旧锅炉设施日常使用过程中的检修保养频次。

13.5.4 锅炉每次运行前要检查水位情况,防止锅炉缺水或满水事故发生。

13.5.5 燃气存放区应远离生活区、办公区,安全保护装置设置规范。

13.5.6 锅炉房内严禁明火作业,房内应清洁无杂物,不应存放易燃物。

13.5.7 冬期锅炉停止运行,应放净炉体及管道内的水,避免炉体和管道冻裂。

13.5.8 乙炔氧气瓶设置防冻保温措施,冻结气瓶严禁用火烘烤,宜用水蒸气或者热水解冻。

13.6 机械使用安全措施

13.6.1 机械防冻措施

1 机械设备进行换季保养,及时更换相应牌号的润滑油、机油、柴油和液压油;可使用防冻液或采取相应的防冻措施。

2 室外温度低于5 ℃,用水冷却的机械设备,应停止使用,放净机体存水。放水水温控制在50 ℃~60 ℃,打开缸体、水泵、水箱等所有放水阀,存水放净后,应保持阀门开启状态,挂设“无水”标志牌。

3 机械设备加入防冻液前,应对冷却系统进行清洗,根据气温要求,按比例配制防冻冷却液。使用中应经常检查防冻液的容量和比重,不足应增添。挂设“已加防冻液”标志牌。

4 冬期施工应对汽车及汽车式起重机的内燃机、水箱等安设保温套进行保温。

5 燃料、润滑油、液压油、蓄电池液的选用：

1）应根据气温按出厂要求选用燃料。汽油机在低温下应选用辛烷值较高标号的汽油,柴油机在最低气温4 ℃以上使用,应采用0号柴油;在最低气温-5 ℃以上使用,应采用-10号柴油;在最低气温-14 ℃以上使用,应采用-20号柴油;在最低气温-29 ℃以上使用,应采用-35号柴油;在最低气温-30 ℃以下使用,应采用-50号柴油。

2）在低温条件下且无低凝度柴油,应采用预热措施后,方可使用高凝度柴油。

3）换用冬用润滑油。内燃机应采用随温度降低黏度增加率小,且具有较低凝固温度的薄质机油,齿轮油宜采用凝固温度较低的齿轮油。

4）液压系统液压油,应随气温变化换用。加添的液压油应使用同一品种、标号。换用液压油应将原液压油放净,不得将两种不同的油质掺合使用。

5）冬期施工使用蓄电池的机械,蓄电池液密度不得低于1.25,发电机电流应调整到15 A以上。应加装蓄电池保温装置。

6 存放、启动、防滑及带水作业

1）宜将机械设备室内或搭设机棚存放。露天存放的大型机械,应停放在避风处,并加盖篷布。

2）在没有保温设施情况下启动内燃机,应将水加热到60 ℃~80 ℃时再加入内燃机冷却系统，不得用机械拖顶的方法启动内燃机。

3）无预热装置的内燃机，可在工作完毕后将曲轴箱内润滑油趁热放出存放清洁容器，启动时再将容器加温到70 ℃～80 ℃后将油加入曲轴箱，严禁用明火直接燃烤曲轴箱。

4）内燃机启动后，应先怠速空转10～20 min后再逐步增加转速，不得刚启动就加大油门。

13.6.2　机械使用安全措施

1　在低于－20 ℃的条件下不宜进行起重吊装作业，同时加强机械设备检查力度，对绳索、卡扣、吊环等检查确认安全方可作业，以防机械设备、吊具等脆断造成事故。

2　带有液压系统的施工机械，在机械启动后完全达到启动正常温度后，才能进行液压系统的试运转，待液压系统完全供给、压力正常后，方可正式投入施工。

3　冬期施工时使用的各种机械应加强日常检查，对有问题的机械设备及时修理，不得带故障运转。严格执行定机定人制度，机械保管人员应坚守岗位。

4　对轮轨式机械设备走行轨道进行检查，及时清理冰雪，配备雪铲等除冰雪设备和黄沙防滑物资。

5　雨、雪天气作业，应保持良好视线，防止起重机制动器和安全装置受潮失效。作业前应检查各制动器和安全装置状态，进行试吊。

6　冬期来临之前应全面检查，更换、修复老化松动的线路。对龙门吊、卷扬机、塔吊、升降机等机械设备进行绝缘测试，机械的绝缘值不得低于该机械的规定值。

7　遇有6级以上大风、大雪、大雾不良气候时应停止作业。重新作业前，应先试吊，确认各种安全装置灵敏可靠后方可进行作业。

13.7　支架施工安全措施

13.7.1　消除土的冻胀现象，掌握施工区域冻胀土特性，确定地基冻胀置换材料和置换深度，宜选择砂、砂砾、碎石等材料，置换深度应不小于冻土深度，严禁在未经处理的冻结土上搭设支架。

13.7.2　支架地基应压实平整无积水，距支架外500 mm处设置排水沟，保持排水系统通畅。

13.7.3　支架设计应考虑风荷载、雪荷载、暖棚及保温等设施荷载。

13.7.4　支架缆风绳地锚设置和揽风绳选型应根据当地气象资料的最大风力计算确定，位于山谷等狭长地带，风力计算安全系数不小于2.0。

13.7.5　应及时对支架体系积雪、积冰进行清除。

13.7.6　定期对支架及其地基进行检查和维护，特别是注意以下情况：

1　作业层上施加荷载前。

2　遇风雪和6级以上大风后。

3　天气回暖始解冻后。

4 停用时间超过1个月。

5 发现倾斜、变形、下沉、松扣、崩扣等现象。

6 暖棚搭设升温后,对基底承载力进行检查,核定沉降变化,及时处理隐患。

13.8 大风、雨雪天气施工安全措施

13.8.1 密切关注当地气象情况,对可能出现大风、雨雪天气及时进行预警。

13.8.2 对梁场、拌和站等大临设施进行定期、全面、仔细的防风安全检查,检查内容包括:活动房、空调外机、各类标志标牌、门窗等设施的固定装置牢固程度;拌和楼防风缆绳有无断丝、拌和楼顶部安装部件是否牢固,螺丝是否松动。

13.8.3 现场临时设施防风雪安全措施

1 根据施工地段气候情况,对风速较大地段,钢筋加工场、彩钢房等较高的构筑物进行加固。

2 风雪天气,应对现场办公房、钢筋棚、保温棚、支架、模板、临时围挡、安全警示牌等重点部位加强检查,采取有效加固措施。

3 搭设保温棚应用缆风绳对保温棚架进行加固,合理设置缆风绳位置,缆风绳与支架立面角度宜为45°~60°,其下端与地锚连接,地锚埋入深度不应小于1.5 m。保温棚架应进行抗倾覆稳定性计算,保温棚架与结构间应拉接紧固,大风雪天气应加强保温棚监控频次。

13.8.4 机械设备防风雪安全措施

1 高大起重设备应增设缆风绳固定,进行起重机械安全检查,核定基础稳固状态,遇有6级以上大风,起重设备应将所吊重物卸落至地面,停止施工作业。

2 最大风力为4级及以上,架桥机不应过孔作业,最大风力达到6级以上,架桥机不应架梁,宜采取加固防护。

3 风力在4级及以上时不得进行塔吊升降作业。

4 吊篮施工遇有5级以上大风,应停止作业并将吊篮平台停放至地面,用钢丝绳进行绑扎固定。

13.8.5 临时用电防风雪安全措施

1 外电线路、电网、变压器应搭设防风护栏设施。

2 架空线路应安装分路隔离器具,防止大风造成线路缠绕。

3 电闸箱支架应与相邻固定设施连接固定,各类配电箱、开关箱外观应完整、牢固、防雨、防尘。停用配电箱应切断电源,箱门上锁。固定式配电箱应设围护栏和防雨雪措施。

4 移动照明支架应与固定设施连接固定,具备抗风强度。

5 现场架线电杆应增设缆风绳或扒杆进行固定。

6 现场发电机应搭设防风防雨雪操作棚。

7 室外电气焊作业应设置防风挡板,大风天气严禁室外电气焊作业,雨雪天气严禁

室外电焊作业。

13.8.6　大风雪天气高处作业安全措施

1　安全防护栏及安全网应牢固，作业人员安全带应高挂低用，严禁打结，穿防滑鞋、戴防护手套和安全帽。

2　工具及边角余料应放在稳定位置，应作相应固定，防止被大风刮倒或吹落伤人，施工用料随用随吊。

3　高处作业后，应将所有零件、工具、废弃物等一并清理干净，避免因大风吹落造成伤人、伤物事故。

13.8.7　大风雪过后施工现场安全措施

1　清除钢筋加工场、搅拌站料仓、彩钢房、保温棚等较高的物件顶面积雪，防止积雪过厚压塌建筑，保证积雪厚度不大于15 cm。

2　应对保温棚支架、扶梯、栏杆、缆风绳等设施进行安全检查。及时维护、加固，经复检验收合格后，方可重新使用。

3　应对供电线路、配电装置等进行检查，及时清扫配电箱、防护棚、架空电缆积雪和覆冰。

附录A 计算公式

A.1 混凝土搅拌、运输、浇筑温度计算

A.1.1 混凝土拌和物温度可按下式计算：

$$T_0=[0.92(m_{ce}T_{ce}+m_sT_s+m_{sa}T_{sa}+m_gT_g)+4.2T_w(m_w-w_{sa}m_{sa}-w_gm_g)+c_w(w_{sa}m_{sa}T_{sa}+w_g\text{m}_gT_g)-c_i(w_{sa}m_{sa}+w_gm_g)]/[4.2m_w+0.92(m_{ce}+m_s+m_{sa}+m_g)] \tag{A.1.1}$$

式中 T_0——混凝土拌和物的温度(℃)；

T_s——掺和料的温度(℃)；

T_{ce}——水泥的温度(℃)；

T_{sa}——砂子的温度(℃)；

T_g——石子的温度(℃)；

T_w——水的温度(℃)；

m_w——拌和水用量(kg)；

m_{ce}——水泥用量(kg)；

m_s——掺和料用量(kg)；

m_{sa}——砂子用量(kg)；

m_g——石子用量(kg)；

w_{sa}——砂子含水率(%)；

w_g——石子含水率(%)；

c_w——水的比热容 kJ/(kg·K)；

c_i——冰的溶解热(kJ/kg)；当骨料温度大于 0 ℃时：$c_w=4.2$，$c_i=0$；当骨料温度小于或等于 0 ℃时：$c_w=2.1$，$c_i=335$。

A.1.2 混凝土拌和物出机温度可按下式计算：

$$T_1=T_0-0.16(T_0-T_p) \tag{A.1.2}$$

式中 T_1——混凝土拌和物出机温度(℃)；

T_p——搅拌机棚内温度(℃)。

A.1.3 混凝土拌和物运输与输送至浇筑地点时的温度可按下列公式计算：

现场拌制混凝土采用装卸式运输工具时

$$T_2=T_1-\Delta T_y \tag{A.1.3—1}$$

现场拌制混凝土采用泵送施工时

$$T_2=T_1-\Delta T_b \tag{A.1.3—2}$$

采用商品混凝土泵送施工时

$$T_2 = T_1 - \Delta T_y - \Delta T_b \qquad (A.1.3—3)$$

式中，ΔT_y、ΔT_b 分别为采用装卸式运输工具运输混凝土时的温度降低和采用泵管输送混凝土时的温度降低，可按下列公式计算：

$$\Delta T_y = (\alpha t_1 + 0.032n) \times (T_1 - T_a) \qquad (A.1.3—4)$$

$$\Delta T_b = 4\omega \times 3.6/(0.04 + d_b/\lambda_b) \times \Delta T_1 \times t_2 \times D_w/(c_c \cdot \rho_c D_1^2) \qquad (A.1.3—5)$$

式中 T_2——混凝土拌和物运输与输送至浇筑地点时的温度(℃)；

ΔT_y——采用装卸式运输工具运输混凝土时的温度降低(℃)；

ΔT_b——采用泵管输送混凝土时的温度降低(℃)；

ΔT_1——泵管内混凝土的温度与环境温度差(℃)，当现场拌制混凝土采用泵送工艺输送时，$\Delta T_1 = T_1 - T_a$；当商品混凝土采用泵送工艺输送时，$\Delta T_1 = T_1 - \Delta T_y - T_a$；

T_a——室外环境温度(℃)；

t_1——混凝土拌和物运输的时间(h)；

t_2——混凝土在泵管内输送时间(h)；

n——混凝土拌和物运转次数；

c_c——混凝土的比热容[kJ/(kg·K)]；

ρ_c——混凝土的质量密度(kg/m^3)；

λ_b——泵管外保温材料导热系数[W/(m·K)]；

d_b——泵管外保温层厚度(m)；

D_1——混凝土泵管内径(m)；

D_w——混凝土泵管外围直径(包括外围保温材料)(m)；

ω——透风系数，可按本手册表 A.2.2—2 选用；

α——温度损失系数(h^{-1})；采用混凝土搅拌车时：$\alpha = 0.25$；采用敞开式大型自卸汽车时：$\alpha = 0.30$；封闭式自卸汽车时：$\alpha = 0.1$；采用手推车或吊斗时：$\alpha = 0.50$。

A.1.4 考虑模板和钢筋的吸热影响，混凝土浇筑完成时的温度可按下式计算：

$$T_3 = (c_c m_c T_2 + c_f m_f T_f + c_s m_s T_s)/(c_c m_c + c_f m_f + c_s m_s) \qquad (A.1.4)$$

式中 T_3——混凝土浇筑完成时的温度(℃)；

c_c——混凝土的比热容(kJ/kg·K)；

c_f——模板的比热容(kJ/kg·K)；

c_s——钢筋的比热容(kJ/kg·K)；

m_c——每立方混凝土的重量(kg)；

m_f——每立方混凝土接触的模板重量(kg)；

m_s——每立方混凝土接触的钢筋重量(kg)；

T_f——模板温度，未预热时为环境温度(℃)；

T_s——钢筋温度，未预热时为环境温度(℃)。

A.2 混凝土蓄热养护过程中的温度计算

A.2.1 混凝土蓄热养护开始到某一时刻的温度、平均温度可按下列公式计算：

$$T_4 = \eta e^{-\theta V_{ce} \cdot t_3} - \varphi e^{V_{ce} \cdot t_3} + T_{m,a} \quad (A.2.1—1)$$

$$T_m = \frac{1}{V_{ce} t_3}\left(\varphi e^{-V_{ce} \cdot t_3} - \frac{\eta}{\theta} e^{-\theta V_{ce} \cdot t_3} + \frac{\eta}{\theta} - \varphi\right) + T_{m,a} \quad (A.2.1—2)$$

式中，θ、φ、η 为综合参数，可按下列公式计算：

$$\theta = \frac{\omega \cdot K \cdot M_s}{V_{ce} \cdot c_c \cdot \rho_c} \quad (A.2.1—3)$$

$$\varphi = \frac{V_{ce} \cdot Q_{ce} \cdot m_{ce,1}}{V_{ce} \cdot c_c \cdot \rho_c - \omega \cdot K \cdot M_s} \quad (A.2.1—4)$$

$$\eta = T_3 - T_{m,a} + \varphi \quad (A.2.1—5)$$

$$K = \frac{3.6}{0.04 + \sum_{i=1}^{n} \frac{d_i}{\lambda_i}} \quad (A.2.1—6)$$

式中 T_4——混凝土蓄热养护开始到某一时刻的温度(℃)；

e——自然对数底，e = 可取 2.72；

T_m—— 混凝土蓄热养护开始到某一时刻的平均温度(℃)；

t_3——混凝土蓄热养护开始到某一时刻的时间(h)；

$T_{m,a}$——混凝土蓄热养护开始到某一时刻的平均温度(℃)，可采用蓄热养护开始至 t_3 时气象预报的平均气温，亦可按每时或每日平均气温计算；

M_s——结构表面系数(m^{-1})；

K——结构围护的总传热系数[kJ/(m^2 · h · K)]；

Q_{ce}——水泥水化累积最终放热量(kJ/kg)；

V_{ce}——水泥水化速度系数(h^{-1})；

$m_{ce,1}$——每立方米混凝土水泥用量(kg/m^3)；

d_i——第 i 层围护层厚度(m)；

λ_i——第 i 层围护层的导热系数[W/(m · K)]。

A.2.2 水泥水化累积最终放热量 Q_{ce}、水泥水化速度系数 V_{ce} 及透风系数 ω 取值按表 A.2.2—1、表 A.2.2—2 选用。

表 A.2.2—1 水泥水化累积最终放热量 Q_{ce} 和水化速度系数 V_{ce}

水泥品种及强度等级	Q_{ce}(kJ/kg)	V_{ce}(h^{-1})
硅酸盐、普通硅酸盐水泥 52.5	400	0.018
硅酸盐、普通硅放盐水泥 42.5	350	0.015
矿渣、火山灰质、粉煤灰、复合硅股盐水泥 42.5	310	0.013

表 A.2.2—2　透风系数 ω

围护层种类	透风系数 ω		
	v_ω <3 m/s	3 m/s≤v_ω≤5 m/s	v_ω >5 m/s
围护层由易透风材料组成	2.0	2.5	3.0
易透风保温材料外包不易透风材料	1.5	1.8	2.0
围护层由不易透风材料组成	1.3	1.45	1.6

注：v_ω 为风速。

A.2.3　当需要计算混凝土蓄热冷却至0 ℃的时间时，根据本手册式（A.2.1—1）采用逐次逼近的方法进行计算。当蓄热养护条件满足 $\varphi/T_{m,a} \geqslant 1.5$，且 $K \cdot M_s \geqslant 50$ 时，按下式直接计算：

$$t_0 = \frac{1}{V_{ce}} \ln \frac{\varphi}{T_{m,a}} \tag{A.2.3}$$

式中　t_0——混凝土蓄热养护冷却至0 ℃的时间（h）。混凝土冷却至0 ℃的时间内，其平均温度根据本手册式（A.2.1—2）取 $t_3 = t_0$ 进行计算。

A.3　土壤保温防冻计算

A.3.1　采用保温材料覆盖土壤保温防冻时，所需的保温层厚度可按下式进行计算：

$$h = \frac{H}{\beta} \tag{A.3.1}$$

式中　h——土壤的保温防冻所需的保温层厚度（mm）；

H——不保温时的土壤冻结深度（mm）；

β——各种材料对土壤冻结影响系数，可按表 A.3.1 取用。

表 A.3.1　各种材料对土壤冻结影响系数 β

土壤种类	保温材料											
	树叶	刨花	锯末	干炉渣	茅草	膨胀珍珠岩	炉渣	芦苇	草帘	泥炭土	松散土	密实土
砂土	3.3	3.2	2.8	2.0	2.5	3.8	1.6	2.1	2.5	2.8	1.4	1.12
粉土	3.1	3.1	2.7	1.9	2.4	3.6	1.6	2.04	2.4	2.9	1.3	1.08
粉质黏土	2.7	2.6	2.3	1.6	2.0	3.5	1.3	1.7	2.0	2.31	1.2	1.06
黏土	2.1	2.1	1.9	1.3	1.6	3.5	1.1	1.4	1.6	1.9	1.2	1.00

注：1　表中数值适用于地下水位低于1 m以下；
　　2　当为地下水位较高的饱和土时，其值可取1。

A.4　暖棚耗热量计算

A.4.1　暖棚在单位时间内的耗热量按下列公式计算：

$$Q_0 = Q_1 + Q_2 \tag{A.4.1—1}$$

$$Q_1 = \sum A \cdot K(T_b - T_a) \tag{A.4.1—2}$$

$$Q_2 = V \cdot n \cdot c_a \cdot p_a(T_b - T_a)/3.6 \tag{A.4.1—3}$$

式中 Q_0——暖棚总耗热量(W)；

Q_1——通过围护结构各部位的散热量之和(W)；

Q_2——由通风换气引起的热损失(W)；

A——围护结构的总面积(m^2)；

T_b——棚内气温(℃)；

T_a——室外气温(℃)；

V——暖棚体积(m^3)；

n——每 h 换气次数,一般按 2 次计算；

c_a——空气的比热容,取 1 kJ/(kg·K)；

p_a——空气的表观密度(容重),取 1.37 kg/m^3；

3.6——换算系数,1 W = 3.6 kJ/h。

K——围护结构的传热系数[$W/(m^2 \cdot K)$],可按下式计算或可按表 A.4.1—1 取用：

$$K = \frac{1}{0.04 + \frac{d_1}{\lambda_1} + \cdots + \frac{d_n}{\lambda_n} + 0.114} \tag{A.4.1—4}$$

其中 $d_1, \cdots, d_n$——围护各层的厚度(m)；

$\lambda_1, \cdots, \lambda_n$——围护各层的导热系数[$W/(m \cdot K)$],可按表 A.4.1—2 取用。

表 A.4.1—1 维护层的传热系数 *K*

序号	维护层构造	传热系数 K[$W/(m^2 \cdot K)$]
1	塑料薄膜一层	12.0
2	塑料薄膜二层	7.0
3	钢模板	12.0
4	木模板 20 mm 厚外包岩棉毡 30 mm 厚	1.1
5	钢模板外包毛毡三层	3.6
6	钢模板外包岩棉被 30 mm 厚	3.6
7	钢模板区格间填以聚苯乙烯板 50 mm 厚	3.0
8	钢模板区格间填以聚苯乙烯板 50 mm 厚,外包岩棉被 30 mm 厚	0.9
9	混凝土与天然地基的接触面	5.5
10	表面不覆盖	30.0

表 A.4.1—2 各种材料的质量密度、导热系数及比热

序号	材料名称	质量密度 p (kg/m³)	比热容 C [kJ/(kg·K)]	导热系数 λ [W/(m²·K)]
1	空气	1.293	1.01	0.023
2	水	1 000	4.186 8	0.558
3	冰	900	2.09	2.326
4	干而松的雪	300	2.09	0.29
5	潮湿密实的雪	500	2.09	0.64
6	木材	500～700	2.51	0.17～0.41
7	胶合板	600	2.51	0.17
8	软木板	150～300	1.89	0.058～0.093
9	软木转	160～280	2.09	0.035～0.106
10	纤维板	600～1 000	2.51	0.23～0.34
11	锯屑	250	2.51	0.093
12	刨花板	350～500	2.51	0.12～0.20
13	稻草垫	100	1.51	0.055
14	稻壳	120	2.01	0.06～0.093
15	沥青锯末(1:1)	666	1.67	0.11
16	钢材	7 850	0.48	58.15
17	砂子	1 500～1 600	0.84～1.01	0.58～0.872
18	砾石	2 200～2 400	0.92	1.454～2.04
19	混凝土	2 100～2 500	0.84～0.92	1.279～1.74
20	炉渣混凝土	1 300～1 700	1.05	1.0
21	加气混凝土	300～1 000	0.84～1.05	0.128～0.22
22	硅酸盐砌块	1 305～1 800	1.05	0.55～0.84
23	水泥砂浆	1 200～1 800	0.75～1.05	0.523～0.93
24	砖砌体	1 100～1 900	0.84～1.05	0.465～0.872
25	炉渣	700～1 000	0.75	0.221～0.291
26	黏土	1 800	0.84	0.698
27	聚氯乙烯泡沫塑料	100	1.38	0.047
28	聚苯乙烯泡沫塑料	62～70	0.84	0.035～0.058
29	玻璃丝	100～200	0.84	0.035～0.058
30	毛毡	150	1.88	0.047
31	石棉	200	0.75	0.07
32	矿渣棉	120～380	0.75	0.035～0.07

续表 A. 4. 1—2

序号	材料名称	质量密度 p (kg/m³)	比热容 C [kJ/(kg·K)]	导热系数 λ [W/(m²·K)]
33	岩棉被	—	—	0. 04
34	膨胀珍珠岩	80 ~ 120	1. 17	0. 058 ~ 0. 07
35	水泥膨胀珍珠岩	400 ~ 800	1. 17	0. 16 ~ 0. 26
36	蛭石	120 ~ 150	1. 34	0. 07 ~ 0. 09
37	石油沥青	1 050 ~ 1 400	1. 68	0. 17
38	油毡、油纸	600	1. 51	0. 17 ~ 0. 23
39	玻璃	2 500	0. 84	0. 76
40	石膏板	1 050	1. 05	0. 33
41	水泥袋纸	500	1. 51	0. 07
42	厚纸板	1 000	—	0. 23

A. 5　冻土融沉量计算

A. 5. 1　冻土地基允许融沉量见表 A. 5. 1。

表 A. 5. 1　冻土地基允许融沉量

项目	冻土自然融沉(cm)	总融沉(cm)	局部倾斜(融沉值/水平距)
允许值 S_y	1	5	1/1 000

判别公式为:

$$S \leqslant S_y + S_0 \tag{A. 5. 1—1}$$

式中　S——计算融沉(cm);

S_y——允许融沉(cm),按表 A. 5. 1 查得;

S_0——允许下沉量(cm),见《建筑地基基础设计规范》GB 50007;

融沉计算公式见式(A. 5. 2)。其含义是残余冻土融沉附加应力的下沉,再加自重应力的下沉。

$$S = \delta_t h_t + \alpha_{i0} p_0 h_{it} + \alpha_{ir} p_r h_{it} \tag{A. 5. 1—2}$$

式中　h_t——融沉计算中冻土层的厚度(m);

h_{it}——土层中不同类别土的厚度(m);

α_{i0}——附加应力下土的压缩系数,见《建筑工程冬期施工实用手册》第八章;

α_{ir}——自重应力下土的压缩系数,见《建筑工程冬期施工实用手册》第八章;

δ_t——融沉系数,Ⅰ ~ Ⅳ级融沉土按式(A. 5. 1—3)计算,Ⅴ级融沉土按式(A. 5. 1—4)计算;

p_0——土层的附加应力(MPa),按式(A. 5. 1—5)计算;

p_r——土层的自重压应力(MPa),按式(A. 5. 1—6)计算。

$$\delta_{t1}=\alpha_1(w-w_0) \tag{A.5.1—3}$$

$$\delta_{t2}=3\sqrt{w-w_e}+\delta_i \tag{A.5.1—4}$$

式中 δ_{t1}——Ⅰ～Ⅳ类融沉土的融沉系数(%)；

δ_{t2}——Ⅴ类融沉土的融沉系数(%)；

w——土层天然含水率(%)；

w_0——起始融沉含水率(%),见《建筑工程冬期施工实用手册》第八章；

w_e——修正起始融沉含水率(%),见《建筑工程冬期施工实用手册》第八章；

δ_i——修正起始融沉系数(%),见《建筑工程冬期施工实用手册》第八章。

α_1——融沉计算系数,见《建筑工程冬期施工实用手册》第八章；

$$p_0=\eta_s p_s \tag{A.5.1—5}$$

式中 η_s——基础底面的附加压应力(MPa)；

p_s——应力系数,见《建筑工程冬期施工实用手册》第八章。

$$p_r=0.1\rho_d h_{it} \tag{A.5.1—6}$$

式中 ρ_d——冻土的密度(kg/cm^3)。

附录 B　混凝土冬期施工常用方法

表 B　混凝土冬期施工常用方法

施工方法		施工方法特点	适用条件
养护期间不加热方法	蓄热法	1. 原材料加热； 2. 混凝土表面用塑料薄膜覆盖后，上铺高效保温材料进行保温蓄热，防止水分或热量散失； 3. 混凝土温度降到 0 ℃以前要达到早期允许受冻临界强度值； 4. 混凝土强度增长较慢，费用较低	1. 室外最低温度不低于 -15 ℃； 2. 表面系数 M 不大于 15 m^{-1} 的结构； 3. 地下结构； 4. 大体积混凝土结构
	综合蓄热法	1. 原材料加热； 2. 混凝土中掺入早强剂或早强型防冻剂； 3. 混凝土表面用塑料薄膜覆盖后，上铺高效保温材料进行保温蓄热，防止水分或热量散失； 4. 混凝土内温度降低到外加剂设计温度前要达到早期允许受冻临界强度值； 5. 混凝土早期强度增长较好，费用较低	1. 混凝土结构表面系数 $5 \leqslant M \leqslant 15$； 2. 混凝土养护期间平均气温不低于 -12 ℃； 3. 适用于梁、板、柱及框架结构，大模板墙等结构
养护期间加热的方法	暖棚法	1. 在结构周围增设暖棚，设热源使棚内保持正温； 2. 封闭已施工完的外部维护结构，室内设热源使室内保持正温来养护混凝土； 3. 原材料是否要加热视气温条件而定； 4. 施工费用高	1. 适用于各种气温条件； 2. 适用于工程比较集中的结构； 3. 适用于地下结构； 4. 适用于有外维护结构的工程
	电加热法（电热毯法）	1. 以工业用电热毯覆盖混凝土构件表面，通电加热养护混凝土； 2. 方法简单，加热均匀，效果好； 3. 电热毯可重复利用，经济效果好	1. 适用于各种温度条件； 2. 适用于板类结构，也可用于单梁、柱等结构

注：混凝土结构表面系数 $M = F/V$，单位为 m^{-1}；F 为混凝土构件冷却面面积；V 为混凝土构件的体积。

附录 C　测温及验收检查记录表

表 C.1　冬期施工大气测温记录表

施工工点：

日　期			大 气 温 度（℃）							测温记录人	气候情况（阴/晴/风/雨/雪）
年	月	日	02:00	08:00	14:00	20:00	最高气温	最低气温	平均气温		

施工单位：　　　　　　　　　　　　施工负责人：　　　　　　　　　　技术员：

表 C.2　冬期施工混凝土搅拌测温记录表

工程名称：				结构部位：					搅拌方式：		
混凝土强度等级：					坍落度：　　　cm				水泥品种强度等级：		
配合比(水泥∶砂∶石∶水)：									外加剂名称掺量：		
测温时间				大气温度(℃)	原材料温度(℃)				出罐温度(℃)	入模温度(℃)	测温记录人
年	月	日	时		水泥	砂	石	水			

施工单位：　　　　　　　　　　施工负责人：　　　　　　　　　　技术员：

表 C.3　冬期施工混凝土养护测温记录表

工程名称：																					
测温时间			大气温度(℃)	部　位												养护方法			
月	日	时		各测温孔温度(℃)												平均温度	间隔天数	成熟度(M)	
				#	#	#	#	#	#	#	#	#	#	#	#			本次	累计

施工单位：　　　　　　　　　施工负责人：　　　　　　　　技术员：　　　　　　测温记录人：

表 C.4　冬期施工砂浆搅拌测温记录表

工程名称：					部位：				搅拌方式：			
砂浆强度等级：					稠度：				水泥品种强度等级：			
配合比(水泥∶砂∶灰膏∶水)：									外加剂名称掺量：			
测温时间				大气温度(℃)	原材料温度(℃)				出罐温度(℃)	上墙温度(℃)	测温记录人
年	月	日	时		水泥	砂	灰膏	水			

施工单位：　　　　　　　　　　　　施工负责人：　　　　　　　　　　技术员：

表 C.5　冬期施工措施验收检查记录表

工程名称：　　　　　　　　　　　　　　　　　　　　　　编号：

<table>
<tr><td colspan="2">工点名称</td><td colspan="5"></td></tr>
<tr><td colspan="2">施工单位</td><td></td><td>项目
负责人</td><td></td><td>项目技术
负责人</td><td></td></tr>
<tr><td>序号</td><td>验收内容</td><td colspan="4">验收主要问题及需改进措施</td><td>验收意见</td></tr>
<tr><td>1</td><td>施工准备情况（组织准备，技术准备，现场准备，资源准备）</td><td colspan="4"></td><td></td></tr>
<tr><td>2</td><td>冬期措施结构稳定情况，是否满足方案要求</td><td colspan="4"></td><td></td></tr>
<tr><td>3</td><td>保温效果情况</td><td colspan="4"></td><td></td></tr>
<tr><td>4</td><td>主要冬期措施设备，材料验收情况</td><td colspan="4"></td><td></td></tr>
<tr><td>5</td><td>冬期施工安全措施情况</td><td colspan="4"></td><td></td></tr>
<tr><td>…</td><td>…</td><td colspan="4">………</td><td></td></tr>
<tr><td colspan="7">验收结论：</td></tr>
</table>

验收负责人签名：

验收成员签名：　　　　　　　　　　　　　　　　　　　日期：

注：验收内容和验收标准不限于该表所列内容。

附录D 冬期施工主要设备物资选型

表 D—1 热风机

序号	设备名称	规格型号	额定功率(kW)	供热面积(m^2)	重量(kg)	供热方式	风量(m^3/h)
1	热风机	220 V-2 kW	2	10～20	3	电	
2	热风机	220 V-3 kW	3	30	7.8	电	
3	热风机	380 V-5 kW	5	50	8.5	电	
4	热风机	380 V-9 kW	9	70	13	电	
5	热风机	380 V-15 kW	15	90	22	电	
6	热风机	380 V-30 kW	30	150	34	电	
7	热风机	380 V-50 kW	50	240	54	电	
8	热风机	燃油 20 kW	20	200	20	柴油	430
9	热风机	燃油 30 kW	30	250	26	柴油	600
10	热风机	燃油 50 kW	50	350	34	柴油	1 000
11	热风机	燃油 70 kW	70	450	45	柴油	1 000

表 D—2 热风幕

序号	设备名称	规格型号	电加热功率(kW)	温升(℃)	重量(kg)	供热方式	预计风量(m^3/h)
1	热风幕	380 V-6 kW	6	20	18	电	1 200
2	热风幕	380 V-8 kW	8	20	22	电	1 500
3	热风幕	380 V-10 kW	10	20	28	电	1 600
4	热风幕	380 V-12 kW	12	20	34	电	2 000
5	热风幕	380 V-15 kW	15	19	40	电	2 300
6	热风幕	380 V-18 kW	18	18	54	电	3 000
7	热风幕	380 V-21 kW	21	18	58	电	3 600
8	热风幕	380 V-25 kW	25	17	62	电	4 600
9	热风幕	380 V-32 kW	32	17	75	电	5 400

表 D—3 电锅炉

序号	设备名称	规格型号	电加热功率(kW)	额定蒸发量(kg/h)	额定电压(V)	额定压力(MPa)	额定蒸汽温度(℃)	重量(kg)
1	电锅炉	LHD36-0.4	36	50	380	0.4	151	100
2	电锅炉	LHD48-0.7	48	70	380	0.7	171	140
3	电锅炉	LHD72-0.7	72	100	380	0.7	171	230
4	电锅炉	LHD108-0.7	108	150	380	0.7	171	250
5	电锅炉	LHD144-0.7	144	200	380	0.7	171	270
6	电锅炉	LHD180-0.7	180	250	380	0.7	171	360
7	电锅炉	LHD216-0.7	216	300	380	0.7	171	380

表 D—4 燃油燃气锅炉

序号	设备名称	规格型号	额定蒸发量(kg/h)	额定压力(MPa)	饱和蒸汽温度(℃)	重量(kg)	轻油消耗量(kg/h)	煤气消耗量(Nm^3/h)
1	燃油燃气锅炉	LWS0.1	100	0.7	171	600	6.5	16.7
2	燃油燃气锅炉	LHS0.2	200	0.7	171	1 300	12.4	32
3	燃油燃气锅炉	LHS0.3	300	0.7	171	1 350	18.7	48.2
4	燃油燃气锅炉	LHS0.5	500	0.7	171	2 000	31	79.8
5	燃油燃气锅炉	LHS0.75	750	0.7	171	2 700	46.3	119.2
6	燃油燃气锅炉	LHS1	1 000	0.7	171	3 000	62	159.5
7	燃油燃气锅炉	LHS1.5	1 500	1.0	184	5 000	93	239.4
8	燃油燃气锅炉	LHS2	2 000	1.0	184	6 000	124.8	321.3
9	燃油燃气锅炉	WNS4	4 000	1.25	194	12.4	251.2	645.3

表 D—5　保温用主要材料

序号	材料名称	材料规格	需用数量	说　明
1	聚乙烯彩条篷布	双面覆膜100 g/m^2以上	覆盖表面积×1.2	厚度0.15 mm以上
2	阻燃棉被	防火等级A级,导热系数低于0.04	覆盖表面积×1.3	外部采用三防布,内部为岩棉或玻璃棉
3	防寒塑料	厚度10 s以上	覆盖表面积×1.1	0.1 mm以上
4	塑料薄膜	厚度5 s以上	覆盖表面积×1.1	0.05 mm以上
5	草帘	厚度2 cm以上,导热系数低于0.06	覆盖表面积×1.2	压实厚度
6	电热毯	220 V,恒温55 ℃	覆盖保温面积	根据覆盖面积可选择1 m×5 m或者1 m×10 m
7	岩棉	厚度1 cm以上	根据包裹设备及管道面积×1.3	包裹设备及管道使用

附录 E　冬期施工混凝土强度发展参考统计及分析

依托严寒地区铁路工程项目，分别对两个项目混凝土在冬期施工过程中混凝土在不同龄期不同养护条件下强度发展进行统计分析，试验数据见表 E。

表 E　冬期施工混凝土强度发展参考统计表

工程项目	环境温度范围（℃）	混凝土强度等级	抗压强度（MPa）（占设计强度的百分比）					
			同条件 3 d	标养 3 d	同条件 5 d	标养 5 d	同条件 7 d	标养 7 d
1	6 ~ −9	C25	13.2（53%）	16.2（65%）	17.5（70%）	20.7（83%）	21.0（84%）	24.1（96%）
		C30	14.3（48%）	18.0（60%）	19.8（66%）	24.6（82%）	23.5（78%）	28.8（96%）
2	2 ~ −16	C25	12.3（49%）	17.6（70%）	14.7（59%）	22.7（91%）	16.9（68%）	26.2（105%）
		C35	18.6（53%）	25.4（73%）	22.5（64%）	33.1（95%）	25.3（72%）	36.0（103%）
		C40	22.1（55%）	27.7（69%）	27.2（68%）	36.2（90%）	30.6（76%）	39.4（98%）
		C50	28.5（57%）	36.3（73%）	34.0（68%）	45.3（91%）	37.4（75%）	49.6（99%）

注：同条件养护试件先采用塑料薄膜包裹，再用保温棉被覆盖压紧，与现场冬期施工养护措施基本保持一致。

数据分析结果：

1　各强度等级混凝土同养及标养的强度发展趋势：一般情况下，混凝土同养 3 d 强度可达到设计强度的 50% ~ 55%，同养 5 d 强度可达到设计强度的 60% ~ 70%，同养 7 d 强度可达到设计强度的 70% ~ 80%；各强度等级混凝土标养 3 d 强度可达到设计强度的 60% ~ 70%，标养 5 d 强度可达到设计强度的 80% ~ 90%，标养 7 d 强度可达到设计强度的 95% ~ 105%。根据数据统计可以看出，养护龄期是保证冬期施工混凝土强度的主要措施，现场混凝土浇筑后的养护时间最低不应少于 5 d，不宜少于 7 d，并根据环境温度的降低适当延长养护龄期。

2　不同养护温度各龄期混凝土强度折损对比：通过对比两个项目各龄期标养试件强度，可以看出项目 2 各龄期标养试件强度占设计强度的百分比偏高，说明项目 2 的混凝土配合比在强度配制上富余系数更大；而由于项目 2 冬期施工现场环境温度更低，在现场采取相同养护方式条件下，项目 2 同条件试件的实际养护温度必然低于项目 1，其 3 d 的同条件试件强度与项目 1 基本持平，而 5 d 和 7 d 的同条件试件强度低于项目 1，说明混凝土同条件试件强度受环境影响明显，养护温度越低，强度折损越大。对于不同环境温度同条件试件的强度折损，在冬期施工混凝土配合比设计时，混凝土配制强度宜根据不同原材料质量、环境条件、施工工艺等因素适当提高一到两个强度等级，避免低温环境对混凝土强度折损过大影响施工质量。

本技术手册用词说明

执行本技术标准条文时，对于要求严格程度的用词说明如下，以便在执行中区别对待。

1. 表示很严格，非这样做不可的用词：

正面词采用“必须”；反面词采用“严禁”。

2. 表示严格，在正常情况均应这样做的词：

正面词采用“应”；反面词采用“不应”或“不得”。

3. 表示允许稍有选择，在条件许可时首先应这样做的用词：

正面词采用“宜”；反面词采用“不宜”。

4. 表示允许有选择，在一定条件下可以这样做的，采用“可”。

铁路工程冬期施工技术管理手册

图　　例

目　次

图 5—1　拌和站筒仓全包封

图 5—2　拌和站筒仓半包封

图 5—3　拌和站筒仓帆布保温

图 5—4　拌和站骨料仓封闭

图 5—5　拌和站骨料仓大门封闭保温

图 5—6　拌和站骨料仓棚顶封闭保温

图 5—7　拌和站骨料仓管道布设

图 5—8　拌和站骨料仓管道布设

图 5—9　拌和站骨料仓管道布设

图 5—10　拌和站外加剂保温库

图 5—11　拌和站拌和楼包封

图 5—12　拌和站斜皮带帆布保温

图 5—13　拌和站斜皮带包封

图 5—14　拌和站上料仓管道布设

图 5—15　运输罐车保温

图 5—16　泵车泵管保温

图 5—17　钢筋原材料存放在加工场内

图 5—18　封闭式加工场

图 5—19 保温加热设备一
（燃油热风机）

图 5—20 保温加热设备二
（电热风机）

图 5—21 级配拌和站常压热水锅炉

图 5—22　锅炉燃料生物质煤炭
（环保、燃烧热量高）

图 5—23　级配碎石拌和站骨料仓封闭

图 5—24　级配碎石料仓地暖管道

图 5—25　级配碎石料仓外供暖管道岩棉包封保温

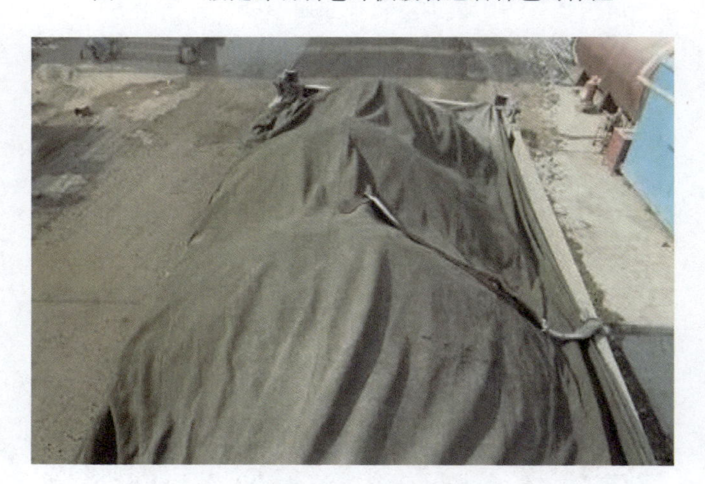

图 5—26　级配碎石运输车覆盖保温

图 6—1　CFG 桩混凝土保温覆盖示意图

图 6—2　路基基床以下路基连续填筑

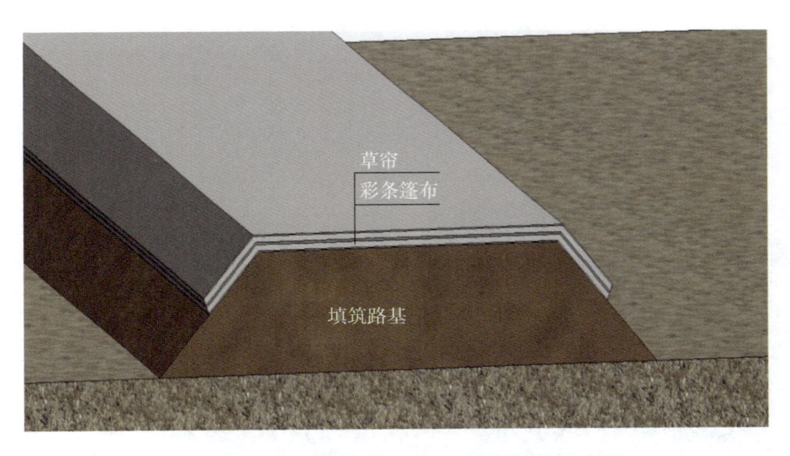

图 6—3　路基填筑临时停工保温覆盖示意图

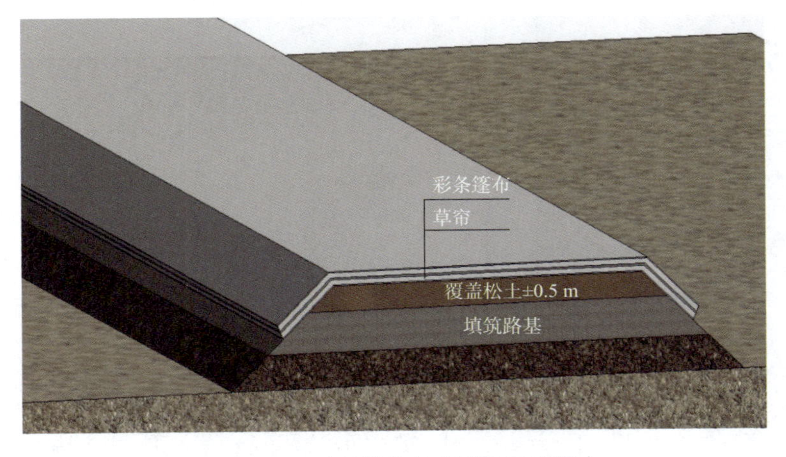

图 6—4　路基填筑越冬覆盖示意图

图 6—5　路基基床表层级配碎石暖棚保温

图 6—6　过渡段填筑前清除冻土层

图 7—1　隧道洞门保温 BIM 示意图

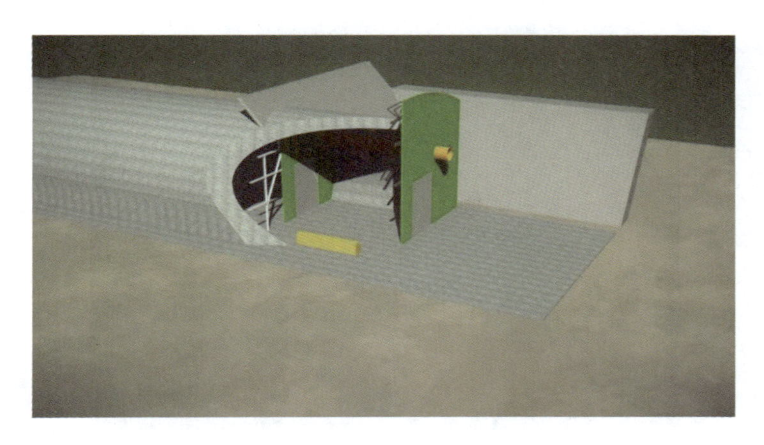

图 7—2　隧道洞门保温 BIM 示意图

图 7—3　隧道洞门保温参考图

图 7—4　隧道洞门保温参考图

图 7—5　衬砌养护

图 8—1　承台暖棚法养护

图 8—2　拆模后承台混凝土表面覆盖保温被

图 8—3　墩身暖棚法养护

（利用墩身模板作业平台做保温层骨架）

图 8—4　墩身暖棚法养护

（墩身外搭设脚手架做暖棚骨架）

图 8—5　暖棚法墩身养护

（墩身外搭设脚手架做暖棚骨架）

图 8—6　拆模后墩身混凝土表面包裹保温被 + 篷布

图 8—7　燃气锅炉
（燃气锅炉节能环保）

图 8—8　制梁台座养护措施
（侧模包封保温板，梁顶部用移动伸缩式保温养护棚覆盖）

图 8—9　蒸汽发生器

（蒸汽发生器安装方便、使用灵活）

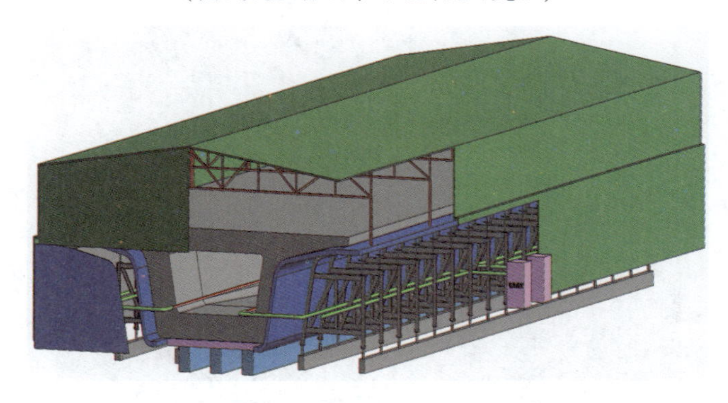

图 8—10　箱梁蒸汽养护 BIM 模拟图

（采用蒸汽发生器养护）

图 8—11　自动测温探头

（将自动测温探头安放在预制梁孔道内，监测梁体芯部温度）

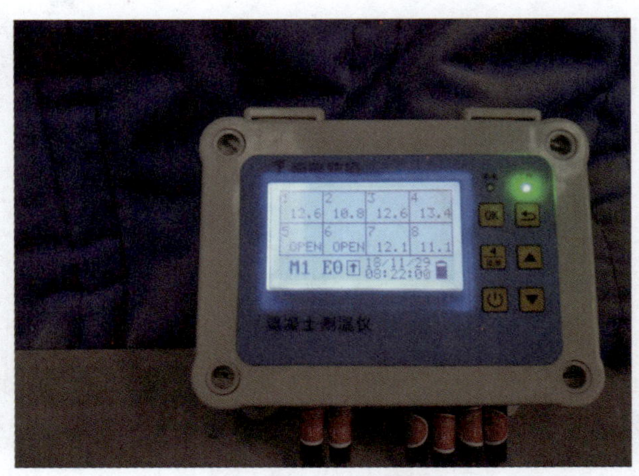

图 8—12　自动温控仪

（梁体探头埋设后，温控仪自动显示测温数据）

图 8—13　存梁区张拉注浆封锚养护

（梁体在存梁台座上养护，两端安放伸缩养护棚）

图 8—14　预应力注浆封锚工作

（在保温伸缩棚内施工，确保施工质量）

图 8—15　现浇梁暖棚搭设 BIM 示意图

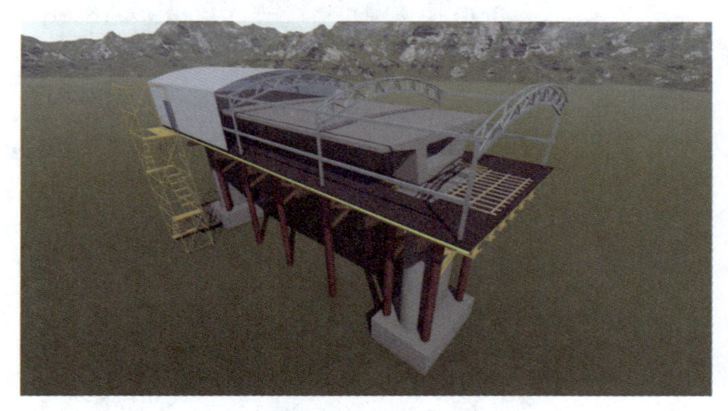

图 8—16　梁柱支架暖棚法 BIM 示意图

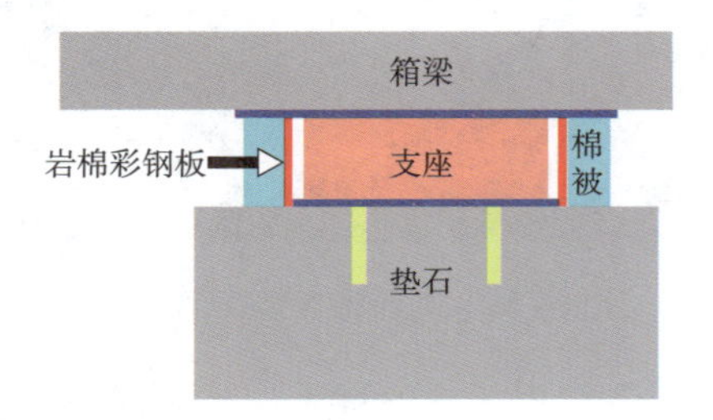

图 8—17　支座砂浆加热保温

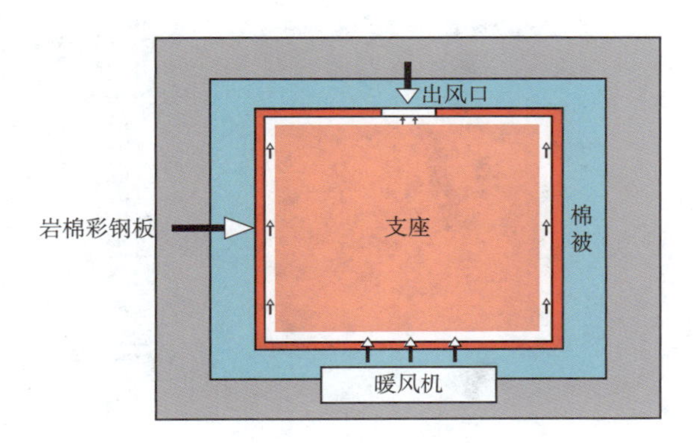

图 8—18　支座砂浆加热保温

图 8—19　桥面防水层及保护层保温措施

图 8—20　电缆槽竖墙保温措施

图 8—21　挡砟墙保温措施

图 8—22　蒸汽发生器
（框构桥蒸汽养生）

图 8—23　涵洞暖棚法养护

图 8—24　暖棚内采用热风机供暖

图 8—25　拆模后边墙及顶板棉被覆盖保温

图 9—1　硫磺锚固棚内施工

图 9—2　焊接前钢轨预热

图 9—3　焊接前钢轨打磨

图 9—4　焊缝保温

图 10—1　电缆暖棚内存放预热

（现场搭设临时暖棚，棚内采用暖风机加热，保证电缆存放环境温度）

图 10—2　冬期电缆沟开挖

（电缆沟开挖及回填，回填土中严禁有较大冻土块，分层夯实）

图 10—3　冬期人工敷设电缆

（选择气温相对较高的日期施工，敷设时间选择一天中气温最高的时间段）

图 10—4　变电所室外管沟电缆暖棚内敷设
（现场沿管沟搭设临时暖棚，棚内采用暖风机加热，保证电缆敷设环境温度）

图 10—5　变电所室外管沟电缆暖棚内敷设
（现场沿管沟搭设临时暖棚，棚内采用暖风机加热，保证电缆敷设环境温度）

图 10—6　冬期基础坑开挖

（基坑开挖阶段搭设暖棚防寒，基础养护阶段直接用暖棚保温）

图 10—7　暖棚法接触网基础养护

（基础表面覆盖薄膜防止水分蒸发，再覆盖毛毡 + 阻燃棉被 +
草帘，外层采用防雨棚遮挡）

图 10—8　暖棚法养护变电所主变基础

（棚内采用暖风机加温，暖棚采用阻燃防寒棉被 + 毛毡 + 草帘 + 防寒防水塑料）

图 10—9　冬期混凝土预制板养生

（现场搭设钢结构暖棚，采用煤炭炉加热，保证底板、横卧板、锚板的预制养生环境）

图 11—1　采用蓄热法的水平构件覆盖塑料薄膜

图 11—2　采用蓄热法的水平构件表面覆盖阻燃棉被

图 11—3　站房桩承台覆盖阻燃棉被保温

图 11—4　外架封闭及横、纵向结构保温

图 11—5　暖棚法(一)
(型钢骨架)

图 11—6　暖棚法(二)
(塑料薄膜 + 阻燃棉被面层)

图 11—7　暖棚法(三)
(型钢暖棚完成效果)

图 11—8　暖棚法(四)
(架管暖棚内覆盖塑料薄膜)

图 11—9　暖棚法(五)
(架管暖棚草帘面层)

图 11—10　暖棚法(六)

图 11—11　地砖饰面封闭施工(一)

图 11—12　吊顶饰面封闭施工(二)